智能配电网保护与控制技术

林志超　著

吉林科学技术出版社

图书在版编目（CIP）数据

智能配电网保护与控制技术 / 林志超著 . -- 长春：
吉林科学技术出版社，2020.10
ISBN 978-7-5578-7631-9

Ⅰ . ①智… Ⅱ . ①林… Ⅲ . ①智能控制－配电系统
Ⅳ . ① TM727

中国版本图书馆 CIP 数据核字（2020）第 193648 号

智能配电网保护与控制技术

著　　者	林志超	
出 版 人	宛　霞	
责任编辑	隋云平	
封面设计	李　宝	
制　　版	宝莲洪图	
幅面尺寸	185mm×260mm	
开　　本	16	
字　　数	200 千字	
印　　张	9.25	
印　　数	1-500 册	
版　　次	2020 年 10 月第 1 版	
印　　次	2020 年 10 月第 1 次印刷	
出　　版	吉林科学技术出版社	
发　　行	吉林科学技术出版社	
地　　址	长春净月高新区福祉大路 5788 号出版大厦 A 座	
邮　　编	130118	

发行部电话 / 传真　0431—81629529　　　81629530　　　81629531
　　　　　　　　　　81629532　　　81629533　　　81629534

储运部电话　0431—86059116

编辑部电话　0431—81629520

印　　刷　北京宝莲鸿图科技有限公司

书　　号　ISBN 978-7-5578-7631-9

定　　价　55.00 元

前　言

　　智能配电网是我国电力系统发展的必然趋势，是在先进的传感测量技术、通信技术、信息技术、计算机技术以及控制技术的基础上发展起来的，运行安全性高，供电质量好。为保证智能配电网稳定运行，最大限度地减少短时停电、电压骤降等问题的出现，合理进行智能配电网保护控制系统设计与配置十分关键，也是本书研究的重点。智能电网是现代电力工业发展的重要成果，具有一定的自愈功能，可快速控制、解决电力系统故障问题，在保证供电安全性与电能质量方面具有显著优势。因此，简单分析智能配电网的概念与特点，探讨传统保护控制系统与智能配电网保护控制系统，最后围绕其设计架构与工程应用展开具体论述，以期提供参考。

　　与传统的配电网相比较，智能配电的供电更为稳定可靠。通过对故障的智能处理，智能配电网对自然灾害和人为的破坏具有一定的抵御能力，极大程度的较小了电网故障对用户正常用电的影响。依靠多网发电，在主网停电时迅速的使用微网系统保证正常供电，实现智能配电网真正的自愈。

　　智能配电网的发展不能仅仅依靠对工作系统的改善优化，还应当在系统运行时做好对相关电气设备的维护工作，减少因设备故障而引发的安全事故，提高供电的安全可靠性。通过对供电方式的合理运用，选择最为合适的材料与电路，在安全稳定供电的前提条件下，降低供电的成本，提高使用价值。

目　录

第一章　电力系统自动化的基本理论

第一节　电力系统自动化的发展前景

近年来，随着改革开放的进一步加深，我国市场经济出现了激烈的竞争现象，市场竞争促进了经济的快速发展，在各项事业迅猛发展的大环境下，工业、农业以及人民群众的基本生活用电需求大幅上升，这给电力企业提出更高的要求。电力系统规模只有不断扩大，新能源的开发只有不断加强，才能满足社会各项事业对电力的需求，这势必要求电力相关的新技术要有所提高，而电力系统自动化的广泛应用是提高这一水平最有效的方式。本节从电力系统自动化的特点出发，尝试着阐述电力系统自动化的发展前景。

一、自动化技术对电力系统发展的作用分析

我国地大物博、幅员辽阔，石油、煤炭、水力资源比较丰富，根据我国能源布局的主要情况，电力生产具有区域不均的特点。我国能源大部分集中在西部，西部大开发促进了能源的开发。在改革开放的形势下，我国市场经济快速发展，市场经济的快速发展对电力提出了很高要求，电力需要不断增加。国家重点抓"西电东送"项目，"西电东送"对电力需要提供了有力的支持。电力系统的数据测量和处理需要自动化理论和技术。近年来，我国大力开发通信、微电子和自动化测控技术，计算机应用有力的加快了电力系统发展的步伐。当前，我国自动化理论及技术水平已经达到国际先进水平，自动化理论渗透到国家的各个技术领域，这就带动了各个行业的发展。我国电力系统多数沿用信号测量技术，例如电压等级、电源特性、负荷区域等因素都需要信号测量技术。如果发生故障，需要进行推理鉴别，提升信号测量水平对防止故障有重要意义。国际上高科技领域对于电力系统自动化的研究已经取得了很大的成果，自动化理论更多应用于信号实时处理技术上，这些经验多是发生故障之后总结出来的，所以具有很强的实用性。自动化技术是电力系统创新的一个主要体现。我国电网性质是全国联网，全国联网需要电力系统必须结合实情，充分实行技术创新。自动化技术要求必须建立硬件和软件平台，这样可以为自动化技术处理提供数据借口。电力系统自动化，给输电、变电提供新的保证。自动化有效提高了电力系统设备的灵敏度，提高了电力系统的可靠性。电力系统自动化，是电力系统新时期的主要新型技术。

二、电力系统自动化的技术特征分析及应用探讨

（一）电力系统自动化的技术特征

电力系统自动化指的是电能生产与消费系统，其中包括发电、输电、变电、配电、用电几项内容。这五个工作环环相扣，将自然能源转化成电能。发电是通过发电动力装置操作，然后输电、变电、配电把电能送到各个用户。电力系统在生产电能不同的环节和不同层次都要进行自动化的控制。自动化在很大程度上让电力生产科学、高效。我国电网建设、电网改造的主要目标就是建立电力系统自动化，电力系统自动化是电力行业的主要目标。我国各项事业对电力的要求很高，随着城市化进程加大，城乡差距缩小，用电需求逐年上升。现在电力系统自动化技术要求是管理智能化，在设计上，要面对多机系统模型来考虑，理论上要坚持现代控制理论，控制方式上采取电脑、电子器件、远程通信。自动化设备研究与操作人员联合工作。电力系统控制研究一直在探索和发展，半个世纪以前，电力系统处于初级阶段。电力系统的发展需要输配电技术不断提高，系统稳定性和电压质量是衡量电力系统优劣的主要标准。电力系统是以动态存在的一个庞大系统，具有强非线性和变参数的特点，具有目标寻优、多种运行方式的特点。在协调方面，既需要本地控制器间协调，又需要异地不同控制器间协调。实现智能控制是电力系统自动化的目标。智能控制是电力系统自动化发展的新阶段，智能控制有效解决了电力系统控制方面难以解决的电力系统控制问题，智能系统适合复杂的电力系统，比如，模型不确定、具有强非线性等复杂系统。智能控制系统具体应用在很多公共事业中。智能控制非常有作用是因为它的设计基于人工神经系统的设置。数据准确、存储长久。例如，柔性交流输电系统就是非常灵活的交流电输电系统，在输电系统中占有主要地位，采用电力电子装置对电力生产有重要作用。

（二）电力系统自动化的应用探讨

电能是人们生产生活必需的物质，在物质生活日渐发达的今天，物质生活的根本需要就是电能。工业机器、农业机械、家用电器等等都需要电能支持，电能应用范围的广泛是无可替代的。电力系统自动化促进了经济的快速发展，同时也改变着人们的生活。电力系统自动化应用范围是非常广泛的，火电应用于锅炉、汽轮机、发电机；水电应用于水库、水轮机、发电机等。电力系统自动化的发展目标就是要保证电能的安全、经济、优质。用户在用电时，首要标准就是所获得的电能要安全，只有安全的电能，才能保证安全的生产。在过去的生产实践中，有一些因为电能安全而发生的危险事故，危险事故造成了人身财产的重大损失。电能的经济性也很重要。电力系统自动化发展是电力行业发展的主要标志，电力系统自动化的进步影响着国民经济的基础产业。自动化程度是电力系统近年来着力发展的中心，自动化的应用让电力系统具有明显的科技优势。科学技术是第一生产力，电力系统自动化的应用促进了生产力的发展。电力系统自动化技术，为其他技术领域提供了技术提示，在技术合并应用上具有重要意义。自动化技术只有合理正确的应用才能达到这项技术的目标。自动化应用是

现代机械设备的最主要的发展目标。

三、电力系统自动化的总体发展趋势

电力系统自动化的发展经历了几个阶段，主要是指 20 世纪中叶，电力系统容量是 10 万千瓦，单机容量只有几万千瓦，电力系统自动化的程度较低，装置都是单项装置，生产过程自动调节，安全也得不到有力保障。新中国成立后，电力事业得到国家重视，在良好的环境下，得到了发展。电力系统规模不断扩大，增加到了上千万瓦，单机容量已经超过 20 万千瓦。这一阶段的重要标志就是电力系统形成了区域联网，所以系统的稳定性得到改善。但是，在综合自动化方面还有所欠缺，所以电力企业努力进行改进，厂内自动化开始采取机、炉、电集中控制。模拟式调频装置开始应用。在这一时期，远程通信技术得到广泛应用。各种新型自动装置得到推广，例如可控硅励磁调节器、晶体管保护装置等。20 世纪 70 年代以后，国家重视经济进步和基础产业发展，电力行业得到有力扶持，电网有了监控系统，这种监控系统是以计算机为主体的，加上配有功能齐全的一整套软件，这样一来，电网的实时监控系统正式形成。实时安全监控开始应用于 20 万千瓦以上的大型火力发电机组，除此开始了闭环自动启停全过程控制。电力系统自动化在水电方面的应用同时显现出良好结果，水库调度、电厂综合自动化在自动化程度上都得到提高。进入 21 世纪之后，电力系统自动化发展速度和发展程度都是前所未有的，国际化合作加深了电力系统自动化的发展，通过合作建设和经营，国外先进的技术和管理经验得到推广，电力系统自动化水平处于国际水平。计算机在电力系统自动化设备控制中起到主导作用，计算机技术发展促进了电力系统自动化控制技术的发展，电力系统自动化形成了一整套完备的系统。电力系统自动化的发展趋向于由开环监测向闭环控制发展，由高电压向低电压扩展，由单个元件向全系统发展，由单一功能向多功能发展，由装置向灵活化、数字化、快速化发展，目标向智能化、协调化、最优化发展。

四、电力系统自动化的发展前景

我国电力系统市场的发展是以电网建设、电网改造和具体应用为主体的，国家电网公司负责全国上百个重点城市的电网建设和改造。加强供电基础、实行安全供电、实现电网的城市化模式。随着电力系统自动化市场规模持续上升，电网的地方调度自动化逐渐普及。今后电力系统自动应该朝着市场配电自动化发展，规范市场发展、统一行业标准、强化硬件设施建设，在市场发展中，加强遥控功能、实现设备功能最大化。除此，自动化技术和用户电力技术也会成为配电自动化市场发展的主体。电力系统自动化市场的发展会随着国民经济的发展越来越进步，对电力系统自动化市场的发展要注重市场前景的综合调查，电力系统自动化市场应该朝科技化和创新化的方向全面发展。

事实证明，要想提高电力系统自动化的水平，我们就要不断提高电力系统的经济性、合理性、高效性、科学性，注重自动化服务和管理，从落后的经营方式向先进的经营方式转变，注重引用国外的先进技术经验，提高自动化体系控制水平，让电力系统自动化朝着健康科学的方向发展。

第二节 基于 PLC 的电力系统自动化设计

电力系统设计成为电力工程自动化设计的重点，也是电力系统是否能够正常运作的重点。电力系统设计是未来电力发展的方向和目标。因此在电力工程中将系统自动化设计水平有效提高是电力行业今后发展的关键，能够在最大限度上降低成本以及节省供电资源，在确保电力系统安全的基础上，还能够根据以往经验进行总结并且有效提高。

随着社会的飞速发展，电力供应已经成为社会发展的关键，对国家经济的发展起到促进的作用。PLC 的电力系统自动化设计就是指可编程控制器对电力系统自动化设计，对国家电力行业的生产都有重要影响，因此为了节约耗电能源，引进 PLC 的电力系统自动化设计是目前最为有效的电力压力的解决措施。

一、PLC 概述

PLC 就是指可编程控制器，在现代电力系统中属于最新型的控制类型装置，是在计算机技术基础上展开的。我国国际电工委员会对 PLC 有明确的定义，其中确定 PLC 是一种电子装置，是根据大规模的集成电路技术以及生产工艺责成的，PLC 内部本身就具有较高的可靠性，在工作期间能够保持无故障。PLC 有自我检测的功能，在硬件出现故障时能够报警以此保证系统的可靠性。PLC 电力系统的自动化设计将会是我国电力系统的突破，能够在完善功能的同时并且能够节省供电资源，保证资源环境的同时还能够保证系统安全，电力系统安全与否决定是否能够顺利运行，并且有效解决电力以及电压带来的压力。

二、基于 PLC 的电力系统自动化设计

本次设计的总体方案就是对 PLC 电力系统自动化的控制系统进行设计，对其中的硬件以及软件部分进行详细分析并且对其设计策略展开分析。PLC 电力系统的设计与优化是保证我国电力产业发展的关键，因此 PLC 的电力系统自动化设计在今后电力行业发展中应当被视作重点。

（一）PLC 电力系统硬件部分的设计

在硬件部分设计过程中，本次对 4 个部分进行详细分析，其中有 1.控制面板的设计；2.互感器的设计；3.判别检测电路的设计；4.模块分析，以上四种设计都是在 PLC 电力系统中重点应用的。

1.控制面板的设计

在控制面板的设计过程中，要求操作简单方便，并且控制面板能够具备功能齐全的特点，在设计功能上大概分为以下几点：1.显示电压以及电流功率因子；2.显示投切状态；3.显示理想功率因子的范围，外壳是控制面板的主容器，其中还包含电网状态 LED 显示、电容器投

切状态显示以及按钮。

2. 互感器的设计

工作站物理模型，其中开发板、相机、扫描枪处于装配人员的对侧，从而不干涉生产线的正常生产；按键开关与工人处于同一侧，方便装配人员使用；气缸位于流水线下方；光电开关分别固定在流水线两侧。

3. 判别检测电路的设计

在电路设计过程中相位差最为常见，主要是指电压超前以及滞后时电流的差值，因此在设计过程中要对电流的大小以及电流超前、滞后都要进行测量，测量时想要输入同频率的信号，能够在两路信号频率相同时再进行测量，并且要采用周期数取值的形式进行精度的提高。

4. 模块分析

模块由中央处理器模块以及模拟两输入接口模块组成的，其中模拟量输入接口模块有较多的类型以及各种范围，但不论是哪种形式的模块除了四路不同外，内部的构造都是一样的，位数越多就要选择位数较多的模拟量模块进行分辨，在电压输入输出的过程中利用高精度的模拟模块进行调整，以此保证范围。而中央处理器模块起到核心的作用，按照 PLC 的系统程序进行储存，扫描现场数据存到中央处理器中能够判断电路工作中出现的错误等。

（二）PLC 电力系统软件部分的设计

本节对 PLC 电力系统软件部分三点设计进行分析，分别是：①投切部分；② A/D 转换部分；③ PLC 编程器部分，以下就是具体分析。

1. 投切部分

在进行电力系统电压划分的过程中，应当选择最好控制的顺序以及电压设备进行无功电压的进入，电压的控制范围应当按照逆调压的原则，当变压器超过电压曲线的规定范围以及允许的偏差分为时，就要根据相关偏移量进行投切指令以及变压器中的指令的整定，以此保证调整电压以及无功潮流的效果。其运作流程是，系统采集数据，电压分析模块以及无功分析模块，形成变压器分结构指令或是形成电容器投切指令后判断是否能够投入或切除电容，安装报警装置，最后控制中心执行指令。

2.A/D 转换部分

A/D 转换部分一般是由 10 个输入点或是 11 个输入点，输入点分为 1 相位判断开关，2-4 电压以及电流功率的开关，5-6 上下限预设开关，7-8 加减 0.1 按钮，9-10 加减 0.01 的按钮．输出点一般分为，1-4 电容器的投切显示，5 报警器开关，6-7LED 显示开关，8-114 组电容器投切动作以及续电器的开关。

3.PLC 编程器部分

在 PLC 编程器的设计过程中，一般都是采用 Fx-10P-E，Fx-10P-E 就是手持式编程器与 PLC 相连接以此满足程序的写入以及监控。Fx-10P-E 的主要功能是，读出控制程序、编程或修改程序、插入增加程序、删除程序、监测 PLC 的状态、改变监视器件的数值以及其他简单的程序。Fx-10P-E 的组成部分是由液晶显示器以及橡胶键盘等，该键盘与其他键盘不同，其中有功能键、符号、数字以及指令键，当 Fx-10P-E 与 FX0 PLC 相连接时，采用 FX-20P-CAB0 电缆，与其他 PLC 连接过程中则需要采用 FX-20P-CAB 类型的电缆。Fx-10P-E 手持编程器一般都是由 35 个按键组成。

在我国全面发展中，电力企业已经成为发展的重点，而在电力企业的发展中 PLC 也就是可编程控制器的电力系统自动化设计对电力工程有着重要的影响。因此只有完善 PLC 电力系统的自动化设计体系才能够促进电力事业的发展，在今后应当制订合理的计划方案，做好预测以及分析，合理地将电源进行分配，以此能够促进我国电力行业的发展。

第三节　电力系统自动化与智能技术

为了满足人们的正常生活和经济发展的要求，人类对电力系统的要求越来越高，将智能技术应用到电力系统自动化中已经成为一种趋势。智能技术应用到电力系统自动化中，不但解决了我国电力资源优化配置的问题，还满足了人们对电力的要求。本节通过对电力系统自动化概念、特点的分析，探讨了电力系统自动化中智能技术的应用及其未来发展。

随着经济社会不断地发展，大规模工业企业不断涌现，我国电力资源日益紧张。解决好电力资源的优化配置，电力系统的稳定运行以及故障排除就显得格外重要。我国也将智能技术应到电力系统自动化的控制、调度、管理，来解决这一系列的问题。智能技术的应用，使电力系统自动化进入了一个新的阶段。

一、电力系统自动化

（一）概述

电力系统是一个跨域广的复杂系统，通过发电厂、变电站、输配电网络和用户组成进行统一调度和运行。而电力系统在电能生产、传输和管理过程中实现的自动化控制、调度、管理就是电力系统自动化。

（二）特点

1.高质量

电力系统自动化保证了电力系统供电的电能的质量。根据不同地区、不同季度、不同时段的不同需要，其通过电力系统自动化的控制，调节电压与频率，有效地解决了传统电力系统高峰期电力不稳定的问题，保证了供电质量，满足了社会需要。

2.强保护

传统的电力系统更多的是靠电力工人对其进行检测、维修，而电力系统自动化则是通过计算机系统对电力系统进行实时监控，及时发现问题，解决问题，使得电力系统得以正常运行。此外，其还保护了电力系统和元件的安全。电力系统是一个复杂的动态非线性系统，一处出现问题可能带来连锁反应，对电力系统造成整体破坏。

3. 低成本

对于企业而言，电力系统自动的这个特点，为其带来了经济利益。大多数大型的工业企业都有自己的配电厂，保证自己的生产链连续不间断，电力系统自动化会根据企业的需要优化配置电力资源，减少不必要的电力损失，降低企业的生产成本。

三、电力系统自动化中智能技术的应用

由于受到各种客观条件的限制，我国电力系统自动化技术的发展同样受到了限制，存在着各种各样的问题。近年来，智能技术被应用到电力系统自动化在内的各个领域，其控制系统理论，深入到电力系统自动化的控制、调度、管理。

智能技术在电力系统自动化中的应用包括：专家系统控制、线性最优控制、神经网络控制、模糊控制、综合智能控制系统，下文进行了具体论述。

（一）专家系统控制在电力系统自动中的应用

专家系统控制，因其特殊的性质，决定了它在电力系统自动化中非常重要的位置。它的系统内部含有包括电力系统内的多个领域的高水平研究人员，集他们的经验与知识于计算机程序中，模拟人类的方法解决实际问题。

专家系统控制在电力系统自动化的主要作用是快速识别系统的警告状态，及时做出对应的紧急处理，保障电力系统正常运行。由此，可以说，专家系统控制的智能技术大大提高了电力系统自动化的水平。

（二）线性最优控制在电力系统自动中的应用

线性最优控制是目前世界上在电力系统自动化方面应用技术最成熟、最广泛的一个智能技术理论。它是现代电力系统自动化的经典理论，应用十分广泛，尤其是在大型机组和水轮发电机自动控制系统中。线性最优控制是通过算局部线性模型来实现的，为电力系统控制中实现最优配置提供了经验。但由于电力系统本身存在的问题，它的应用还是存在一些问题。为此，我国应大力培养这方面的专业人才，着力解决好这些存在的问题，进一步将智能技术应用到电力系统自动化中。

（三）神经网络控制在电力系统自动中的应用

神经网络控制，又称神经控制。它最早提出是在 1992 年，首次使用则是在 1994 年，在电力自动化控制系统中起到了十分关键的作用。它主要是为了攻克一些难以用语言描述出来的非线性难题，通过神经网络系统科学严谨地建立模型来解决。

神经网络控制具有非线性特点，并行处理能力强，因此在供电系统内应有广泛。在实际运行中，需重视"权值"这一概念，该控制系统否能最大限度的发挥作用，直接受学习算法调节"权值"的影响。除此之外，神经网络控制还需要一些硬件设备作为支撑，这需要国家对我国的电网部门给予一定的财政的支持，让其够买设备并进行定期地维护和检修。

（四）模糊控制在电力系统自动中的应用

模糊控制方法是相对于其他几种而言比较简单且容易掌握，它的难点主要集中于模型建立方面。模糊控制是一种非线性的控制方法，是现代电力系统自动化中比较常用的一种方法，这种方法更贴近人们的正常生活，如一些家用电器内部电力系统就有应用。

近些年来，这种控制方法发展非常迅速，一度成为电力系统自动化中最为活跃的一种方法，它在电力系统自动化中应用的关键在于各种数据指标的确定。只有确定好这些具体指标，模糊控制才能最大限度地发挥作用。

（五）综合智能控制系统在电力系统自动化中的应用

智能技术在电力系统自动化中的应用或多或少都会有一些其自身的弊端，解决好这些弊端，需要扬长避短，将不同的智能技术理论综合应用在同一个电力系统中，各自发挥着自己的优势。目前，综合智能控制系统的应用还未十分成熟，但不少专业人士表示其内在潜力巨大，未来随着科学技术的不断进步，将会一步一步地迈向成熟，使得智能技术在电力系统自动化中的应用上升一个台阶。

四、电力系统自动化中智能技术应用的未来发展

（一）人机结合，智能检测故障

智能技术在电力系统自动化中的应用还存在一些局限，它在出现问题与故障时，主要是依靠各线路故障诊断，没能大范围地覆盖到整个电力系统。这对于整个电力系统的发展是非常不利的。但是，随着人工智能的发展，人机结合成为一个新的选项，把专业人才的经验技术与计算机网络的高效用相结合，达到自动化控制的目的，对电力系统领域无疑是正确的选择。人工智能诊断技术的有效实施，可以排除大范围的、整体性的电力系统故障，然后在出现问题的时候做单个的、单过程的处理。

（二）实时不间断监控

故障的发生是不可避免的，如何降低故障发生的概率才是电力系统的专业人才和专家需要研究的。实时监控技术就是通过有效的、科学的分析、监管以及控制电力系统的数据，来达到监控的目的。电力系统是一个复杂动态的系统，一旦出现故障，可能影响其他部分的正常运行，甚至导致部分系统崩溃，做好实时不间断地监控就显得格外重要，它不仅可以有效地降低故障的概率，还降低了单位或个人由于故障发生的损失，有效提高了社会经济效益。

社会的快速发展和大量实体经济的出现，给电力系统带来不小的压力，通过上面的分析，智能技术应用到电力系统自动化中是缓解这一问题的有效方法。现在，世界各国的专家学者均在积极探究如何更全方位将智能技术应用到电力系统自动化中，进一步解决当前电力系统

中存在的问题。在未来，智能技术在电力系统自动化中的应用会更到位，满足不同人群的需要，进一步带动经济社会的发展。

第四节　电力系统自动化中远动控制技术

随着现代社会经济、科学技术的稳步推进，我国无论是输送电力能源产品应用的技术系统，还是生产电力能源产品，都在进行着持续性和大规模的变革。在工业企业生产、管理过程中，内部技术升级和优化改造都在不断推进，从而使我国电力系统自动化技术和变电站技术的发展得以有效促进。改进工作综合效能和发展自动化技术，提升关键技术促进现代工业技术的持续发展。本节阐述了加强远动控制技术的研究意义，分析其在电力系统自动化中的应用。

建设电力系统自动化的水平，对综合性发展现代电力能源工业的影响非常大。若想使电网应用技术系统能够稳定地运行，必须要改造和优化相关的技术设备，对一次电气应用的设备，全面精确地进行控制，从而使运行技术的状态得以保证。

一、加强远动控制技术研究的意义

电能输出、产生、配送、变电以及用户使用组成了电力系统，电力系统包括一次设备和二次设备两种。变压器、开关、输电线路以及发电机组成一次设备，为了将这些设备的安全性和稳定性以及可靠性得以保证，必须要高度控制这些设备，并且还能节省电力生产的成本；二次设备，是电网部门高度控制计算机的系统，主要包括变电站智能控制系统、电力系统通信装置、电厂、保护设备以及测控设备。电力系统自动化运行主要包括通信技术、计算机技术和远动控制技术这3大技术，既具有控制和传输以及自动安全保护的功能，又具有检测和自动调节的功能，能够将电力提供给电网。远动控制技术在电力系统自动化中进行运用的主要功能有2点：其一，对故障发生的部位准确地进行判断，将可靠信息提供给装置动作保护；其二，能够将分析资源提供给电能发展、电能消耗以及电能负荷与质量。远动控制技术能够将支柱提供给电力系统进行高度的自动化控制。因此，在电力系统自化中，远动控制技术具有重要的地位。

二、远动控制技术的基础

我国无论是生产电力能源产品，还是输送技术系统的发展，都非常迅速，远动控制技术在运用过程中起决定性的作用。在生产和输送电力能源产品的技术系统中，运用远动控制技术，能够将遥信、遥控、遥测以及遥调等各项功能充分地发挥出来，不但使应用技术系统的可靠性和稳定技术性能得以保证，还能够使经济应用的属性得以确保。在科技快速发展的背景下，我国在生产和输送电力能源产品的应用技术系统中，有效应用远动控制技术，重要作用被充分发挥，主要体现在执行技术终端和控制及调动技术终端两个方面。

运用远动控制技术的过程中，不同技术终端必须要将具体类型的应用方案进行设置和提供，致使电力能源技术系统运行的状态能够保持稳定。运用远动控制技术应该将生产和输送电力能源产品的应用技术系统作为出发点，将所有终端技术设备有效且稳定地进行控制，从而使远动控制技术的最佳预期效能得以实现。

若想使我国电力能源产品的高效优质管理得到有效实现，必须要了解和掌握生产与输送电力能源产品应用技术的系统，将各终端设备的运行技术属性信息和运行技术参数信息，在内部配置和安装，开展全面的采集工作，恰当且正确运用远动控制技术调度功能，真实完整地对技术属性信息和技术参数信息进行采集和测量，提供技术支持。对远动控制技术的控制模块功能进行运用，与技术属性信息和技术参数信息有机地结合起来，全面系统地分析电力能源产品运行的实际状态。将技术实践作为基础，有效运用远动控制技术的控制终端模块，与生产和输送电力能源产品应用的技术系统进行有机结合，根据生产的实际需要，制订执行系统配置的终端，并且将控制技术状态的运行参数项目修正和干预运行状态等内容的指令下达，确保生产与输送电力能源产品的控制和调整，长期维持稳定且安全的运行状态。

遥信、遥控、遥测、遥调等4个方面是远动控制系统技术功能的主要表现。远程测量应用技术，简称为"遥测技术功能"，就是利用应用性的通信技术，将传输和测量某一特定参数远程完成。遥控功能利用远程技术和通信技术，远程性干预管理特定电气技术设备的实际运行状态。远程信号技术模块利用通信技术，动态监测生产和输送电力能源产品等相关的状态，获取数据信息，尽快转化为参数控制符号或者文字符号。遥调技术利用通信技术，干预和控制电气技术设备部分实际的运行状态。

三、在电力系统自动化中应用运动控制技术

（一）信道编译码技术的应用

远动控制中需要许多数据信息，转换成同步调信息的过程中，许多因素对其都有干扰，需要译码与信息和信道编码传输协议等信道编码技术。采集数据技术将准确的数据信息收集到，需要将数据信息向电力系统调度中心进行传输，进行判断和分析，然后使用。传输信息的过程中，外界对其会有一些干扰，为了将其他的干扰信号减少，要利用译码和编码的方式，将一层保护膜加到信息通道上，降低干扰的影响至最低。其一，循环编译码，由于其他信号不容易干扰循环编译码，并且循环码中无论哪个码移位，除了特殊情况零码以外，都不会影响其他码，小会改变码字；其二，信道编译码的种类非常多，在电力系统运动控制技术中，线性分组编译码是运动相对比较多的，能够保持信息传输的正确，对于分析信息非常有利。电力系统运动控制的过程中，信息形式的变化很多，应该有规定地进行制约。变电站和电厂以及调度中之间传输数据，信道编译码以前，就应该将统一的数据格式和通信方式建立起来，从当前来看，电力系统中无论是通信方式，还是主要数据格式，都属于循环式数据传送，帧结构是单位的主要构成。

（二）采集数据技术的应用

在远动控制系统中，采集数据技术主要有 2 种：A/D 技术和变送器技术，A/D 技术就是把模拟信号向数字信号转化，完成遥控信号采集遥测信息和编码信息等相关任务。过程就是传感器将电流电压信息获得，同时进行传输，再通过滤波放大器和变送器滤掉高次谐波，经过处理后，同步采集电流电压信息后，模拟信号由 A/D 转换器转化成数字信号，在单片机中将传输的数字信号进行处理，从而将数据信息采集到。

（三）通信传输技术的应用

（1）光纤传输。在电力系统运动控制中，传输通信应用光纤传输技术是必然的趋势，相对于其他传输技术，光纤传输无论是稳定性，还是可靠性都是最高的，传输的速度也非常快，传输通信的过程中，信号没有衰减发生，在电力系统中，光纤传输技术已经成为最主要的传输方式。

（2）载波通信。就是利用信号发射端编码处理数据传输信息以后，把高频谐波信号作为载波信号进行使用，有效运用调制技术，把数字信号向模拟信号转化，利用电流电压方式对模拟信号进行传输，信号接收端将模拟信号接收后，再利用解调技术把模拟信号向数字信号转化，致使电力系统中数据信号的通信功能得以有效地实现。

在电力系统自动化中，实际运用运动控制技术，体现出该技术的优势。例如，某省电力系统自动化中，将远动控制技术进行应用，电力系统有故障发生时，能够及时发现故障所在之处，同时，采取相应措施，保持电力系统的稳定运行。运用通信传输技术，完成模拟信号与数字信号互相的转换，促进电力系统的正常运转和维持，从而降低运行成本。运用采集数据技术，能够及时发现电力系统运行中的故障和存在问题，对发电厂和变电站正常运行时的数据资料和信息及时进行采集，信道编码技术能够在传输的过程中，排除外界对信息资料的干扰。

电力系统自动化中，有效应用远动控制技术，能够充分发挥远动控制技术的作用，调节和检测有关电气设备运行技术。致使网络性传输数据信息的稳定发展得以保证，以及充分发挥供电应用技术的功能。

第五节　电力系统自动化的维护技术

针对电力系统自动化维护工作中经常遇到的难题，进行全面化的分析，并简要介绍了加强电力系统自动化维护的现实意义，明确电力系统自动化组成，如变电站的自动化、系统调度的自动化、配电网的自动化等等，提出电力系统自动化的维护技术应用要点，能够保证电力系统自动化维护质量得到更好提升，希望有关人员能够提供良好帮助。

在社会经济快速发展的当今，居民生活质量逐年提升，用电量不断增加，在一定程度上提升了电网建设水平，电力系统自动化在电网建设当中占据重要作用，应用范围也特别广泛。为了保证电力系统自动化水平得到进一步提高，本节重点研究电力系统自动化维护技术措施。

一、加强电力系统自动化维护的现实意义

在供电系统当中，如果出现电力系统自动化问题，会严重影响电力网络的稳步运行，因此，做好电力系统自动化维护工作特别重要。由于电力系统自动化的快速发展，电力市场需求量逐年增加，通过对电力系统自动化进行有效的维护，能够提升电力系统的安全性，更好的保证电力网络建设质量。

电力系统自动化是电力网络逐渐向信息技术自动化过渡的核心标志，对电力网络系统的发展影响较大。合理运用电力系统自动化技术，能够保证电力网络管理质量得到显著提高，进一步降低电力系统运行管理成本，提高电力企业的市场竞争力。在当前阶段，电力系统自动化运行环节，在数据处理方面，仍然存在一些问题，要想推动我国电力行业的快速发展，有关部门要加强电力系统自动化维护力度。

二、电力系统自动化组成分析

（一）变电站的自动化

电力系统自动化当中，变电站自动化特别重要，对电力系统的影响也比较大，主要利用先进的计算机技术、电子技术与通信技术等，与变电站当中的二次设备进行组合处理，经过优化设计之后，保证变电站的各项功能得到更好发挥，对变电站内部的各项设备进行全面监控与协调。变电站自动化技术是电力系统当中的核心技术，对变电站的运行影响较大。变电站自动化技术的有效运用，能够保证其运行效率得到更好提升，降低电力系统维护成本，真正达到提升电力行业经济效益的目标。

（二）系统调度的自动化

最近几年以来，由于社会的飞速发展，电力需求量不断增加，推动电力行业的快速发展，电力系统自动化技术面临众多挑战与机遇，电力系统调度自动化技术，主要以电力系统所收集到的各项数据信息为核心，帮助有关人员对电力系统进行科学调整，进一步提升当前电力系统运营的安全性。电力系统调度自动化，对电力系统自动化影响较大，能够保证电力自动化系统更加可靠。

（三）配电网的自动化

电力行业发展过程当中，配电网控制主要依靠手工进行，使得电力系统的各项功能无法充分发挥。但是，伴随研究的不断深度，我国电力系统运行，无须依靠其余设备，自动化技术应用前景广阔。配电网自动化范围比较广泛，涉及多项软件，是配电自动化当中的基础。与常规的孤岛自动化相比较来讲，利用信息技术的配电网自动化其功能更加全面，智能终端

数量巨大，通信技术更加先进。结合我国当前配电网落后现状得知，通过提高配电网建设水平，有关部门可以采用分期或分批维修措施，对既有的配电网自动化进行大力完善，进而保证我国配电系统资源得到高效利用。

三、电力系统自动化的维护技术研究

电力工程是我国重要的基础设施工程，对国民经济的稳步发展影响较大，在新形势背景之下，建设电力系统自动化体系，能够保证电力系统的可靠、安全运行。电力系统自动化维护水平的提高，能够降低系统发生大规模运行故障的概率。

（一）利用接地防雷系统进行维护

在当前的电力行业当中，做好电力系统自动化维护工作特别重要，对电力行业未来发展影响较大，因此，在电力系统自动化维护环节，有关人员要保持严谨态度，并采取合理的防护措施，选择具有性能较好的避雷设备。相关人员在接地防雷的过程当中，要了解电阻和电压之间的关系，并结合接地电阻值大小，采用不同方法，适当降低电阻值，保证电压控制效果得到更好提升。

此外，电力有关部门在维护电力系统自动化时，要遵守综合治理原则，并结合电力系统自动化的运行特点，包括防雷系统的结构特点，有序开展各项工作，将避雷装置有序的安装于变压器量测，利用高低压，进行科学安装。避雷装置安装结束后，需要对其进行接地处理。为了进一步提高电力系统自动化维护质量，有关人员要根据系统自动化的运行情况，科学选择防雷器，尽可能选择安全性能好、稳定性好的防雷设备。

（二）运用太网远程技术进行有效维护

利用太网远程技术进行维护，主要是依靠光纤收发器，包括太网网卡，形成光纤通道，通过利用运行效率比较高的光纤通道，进行电力系统自动化维护工作。在此种维护模式之下，不但能够获取比较高的网速，而且能够保证不同网络之间的点与点时间有效连接。对于电力企业来讲，要充分了解太网所具备的优势，并将其妥善运用到计算机软件当中，可以将电话拨号与太网技术有效结合，有效提高电力系统自动化维护水平。

（三）利用电话拨号远程技术进行维护

在电力系统远程维护方案当中，电话拨号远程技术较为常见，由于其具备较多优势，而且操作更加便捷，能够有效降低电力系统的运行成本，故称为一种特别常见的电力维护技术。但是，电话拨号远程技术也存在缺点，其维护速度比较慢，因此，在电力系统自动化维护工作当中，应当尽可能避开此缺点。

电话拨号维护工作主要分为以下几种：

（1）做好振铃遥控电路处理工作。在电话拨号原理的基础之上，有关人员需要设置驱动遥控体系，用户在使用前，需要将用户有权使用信息进行科学的设置，如果用户在使用的过程当中，出现故障，则能够及时发出信息，信息被维护系统接收后，通过对信息进行综合对比，

在驱动系统指导之下，对电力系统自动化进行全面维护。

（2）加强手机短信遥控电力维护水平。通过构建驱动遥控体系，在之前设置好的用户信息使用权基础上，结合用户使用权所发出的短信故障信息进行有效维护。自动维护系统当中的故障信息内容和系统当中故障进行科学比较，若两者内容相符，则可以驱动遥控电路，主动完成自动化维护工作，并对故障信息进行有效的回复。

（3）提高 DTMF 拨号遥控电路维护水平。此项技术在电话拨号远程技术之中应用较多，主要以 DTMF 信号为基础，在此组信号当中，将其分成两组，高音组与低音组，每个组别当中包含四个不同的音频信号，但是，各个不同的音频信号之间禁止随意组合。上述音频信号组合成信号后，若有权用户进行拨号验证，系统能够按原来设置的 DTMF 编码进行有效遥控，保证电力系统实现自动化维护。

（4）告警信息的采集和回传。单片机电路作为告警信号采集和回传的核心，在单片机电路当中，可以和不同的传感器有效连接，传感器也可以利用上沿和单片机电路有效连接，如果接到告警信息，该信息会通过电路，一直传达到系统主机，抑或是维护站点当中，提升告警信息的处理水平。

综上所述，通过对电力系统自动化的维护技术进行全面化分析，例如利用接地防雷系统进行维护、运用太网远程技术进行有效维护、利用电话拨号远程技术进行维护等等，能够保证电力系统自动化维护水平得到进一步提高，降低电力系统出现大规模运行故障的概率。

第六节　电力系统自动化改造技术

近些年来，我们国家工业方面的电力自动化技术变得越来越好，所以直接推动继电保护自动化技术的发展，也可以让越来越多的人能够使用到电力资源。但是由于现在使用电力资源的人越来越多，导致大家比较关注现在电力系统到底发展成什么样子。所以现在应该将配电系统的质量提高，然后加强对继电保护自动化管理，并解决这一方面可能发生的问题。本节对电力系统中的继电保护系统是否可靠和它的意义展开了研究与讨论。

一、继电保护系统的定义，意义，影响

（一）继电保护系统的简述

如果我们平常运用继电保护系统中的保护装置在运行的过程中，发生了一些小小瑕疵，那么这个时候继电保护系统就要上场发挥它的作用了，它会先产生一些变化，将这些变化转变为传递信息的方式。如果这些变化要是达到一定数值的时候，它就会自己启动逻辑控制的板块。对相关的事情以及信号进行排查和精准的分析。而这个继电保护装置，主要是由测量模板，执行模板，逻辑模板等等的相关板块共同构成的。

为了避免更大程度的花费，这个继电保护系统已经改变了电力系统中其他外围的元件的使用功能，而且使其制造的成本大大地降低。而这个测量模块的工作用途就是，对电力系统的内部电流和频率，通过测量信号的数值还有对定值的对比以及分析进行相关的检测。而这个执行模板的作用是，为了执行指令的时候能够提供出比较可靠的解决方式，而且这个执行模板获得了信号以后，就会及时地给出与之相对应的动作信号，并且传递给逻辑模板。也正因如此，逻辑模板的存在可以将继电保护系统产生的一些小问题很轻易地解决，并且去查找到底什么地方有问题，为什么会有问题，是什么引起的问题。而且在通过计算之后就可以得到非常详细的逻辑数值，再对这些数值进行分析，最后就可以做出与之相对应的指令。

（二）继电保护系统产生的意义

由于我国最近几年社会经济方面不断地发展，再加上我国科学水平不断地提升，继电保护系统在当前电力系统的运行中，扮演着十分重要的角色。如果在电力系统运行的过程中，发生了一些问题，继电保护系统就会立刻去查找原因，这样就可以及时地解决问题，并且让其他的软件可以继续的运行下去，这一方面也体现了继电保护系统的效率到底有多高。

但是由于近几年来越来越多的人对电力的需求逐渐增加。在这种趋势下，避免不了会发生一些电力供应不足的情况。所以为了确保可以在继电保护运行过程中，能够保证出现问题的地方都可以得到合理的控制，并且保证其他系统在工作中可以正常的运行，而且不会对其他的设备产生很大的影响，所以对于继电保护系统装置有了几点要求，那就是灵敏性，速动性，可靠性和选择性。正因为有了这些要求的存在，继电保护系统的体系也变得越来越完善。并且如果在继电系统运行的过程中，如果有其他特殊的事情发生，继电保护系统就会停止电力系统中正在运行的元件，并且还可以对有问题的部分展开故障排除。

（三）继电保护系统具有的影响

在现在的这个社会，电力系统中的继电保护系统基本上是家家户户都在使用。而且继电保护系统具有很多的优点，例如越来越智能化，越来越网络化而且还向着信息化一点一滴的发展。而且它还可以在人工智能的支持下，通过网络系统对其进行控制，这样也更方便于人们正常的工作，但继电保护系统也有它的不足之处，其中比较重要的就是现在特别关心的环境保护问题。在我们正常的生活中，电力系统在运行的时候，它周围环境的温度会处于上升阶段越来越热，那么就会造成周围环境会有尘埃，颗粒会处于漂浮的状态。还会给电源的插头还有相关插线板造成不同程度的物质侵害，所以我们会尽量避免这种情况的发生，将电源的插头和相关插线板等元件使用比较好的材料制造，以减少它的损坏程度，提高它的安全性能。

二、继电保护系的三个基本要求

（一）要求继电保护系统具有一定的可靠性

人们在看一个设备时，第一个关注的就是这个设备是否可靠。如果它的保护装置不能达到人需要的可靠性的要求，就会有严重的事故发生，进而会引起电力系统的一系列的问题。

例如速度不够快了，运行不够流畅了等等。所以在一些不正常的情况下，自动化的继电保护措施一定要可以检测到，到底是哪个环节出现了问题，并及时的传递信号。而且在传递信号的同时，也要可以启动自动保护的系统，阻止这一部分应该进行的工作。这样就可以避免了一些危险事故的发生，还可以不让电力系统中其他的系统受到破坏，更加地防止了更大范围和更大程度的破坏还有不安全的事故发生。

（二）要求继电保护系统具有一定的灵敏性

除了可靠性，人们第二个关心的就是灵敏性，关心继电保护系统到底有多快，有多灵敏。在电路的一定范围内，如果有地方发生了问题，这个继电保护系统装置能够依靠着灵敏性第一时间做出判断，然后为我们解决问题。为了可以让这个装置一直反应迅速，能够在第一时间就感觉到危险的存在，然后立刻去解决问题并且发出警报提醒人们。我们需要在维护电力系统的过程中，对灵敏度进行一遍又一遍的实验，对灵敏度系数一遍又一遍的校对，以确保这个继电系统的灵敏度是没有问题的。而且还要做到在没有特别特殊的情况下，每年需要对电力系统进行一次全方位的检验，避免危险发生，以确保系统的设置系数较为稳定。

（三）要求继电保护系统具有一定的选择性

选择性，就意味着在这个电力系统出现一些问题的时候，继电保护装置的作用就是找到发生问题的零件，并让它停止工作，让没有问题的元件可以继续像以前一样正常的工作。通过这种方法，将停电的范围不断地变得越来越小。也正因为继电保护系统有这个好处，所以可以有效地维持电网的正常运行。

综上所述，我们国家在电力系统的方面不断地创新，并加大创新力度，保证好继电保护装置的稳定使用，这样也对社会发展有着较积极的作用。也正因为这些，所以电力系统是否能够安全并且可靠的去运行是我们现在关注的重点，并且要求继电保护及自动化装置必须具有非常高的可靠性。但是在实行的过程中，也会有一些避免不了的问题出现，也会影响电力系统的正常稳定运行。但是我们会解决这些问题，希望可以为我们国家的发展打下坚实的基础。

第七节　电力系统供配电节能优化

近年来，社会经济呈现出飞速发展的趋势，人们的生活质量也随之提升，对高质量的电力提出了更高的要求。优化高负荷的电力输送加重了我国电力事业的负担，为了确保能够满足我国电力行业的发展要求，应该做好电力系统供配电设计工作，将节能优化融入电力系统供配电设计工作中，以促进节能技术及方法的优化，降低供配电企业能源损耗量，确保电力企业能够在发展过程中创造出更大的经济价值，为我国电力行业的发展做出突出的贡献。该文对电力系统供配电节能优化的意义进行阐述，分析影响电力系统供配电节能因素，阐述电力系统供配电节能优化策略。

当前，电力行业为了能够适应当前社会的发展要求，应该坚持与时俱进，为了确保电力系统的健康运营及发展，需要将配电节能作为电力系统优化中的一项重要内容，以降低供电配系统的电能，解决电能供求紧张的问题，确保电力行业的发展能够与当前生态社会发展要求相适应。因此，要求电力企业需要对产业结构进行优化调整，完善相关的设施及节能技术，展现出供配电系统的高效性、节能性，确保能够为电力行业的发展创造出更高的经济效益。

一、电力系统供配电节能优化的意义

在企业的生产中，供配电系统承担着重要的作用，直接关系到企业的发展。无论是企业自身还是国家的工业化，要想取得持续的发展，需要将电力系统供配电节能优化作为一项重要的工作任务，在电力系统供配电中体现出了突出的作用及现实的发展意义。为了能够促进供配电系统的发展，需要将电能消耗作为一项重要的作用内容，以完成对电能供求关系的有效调整，以达到节约电能的目的，确保企业各项生产及运作工作的高效实施及开展。

因此，为了促进电力系统供配电的节能优化，需要从工厂及企业的角度进行分析，以完成对用电费用及购电成本的有效控制。另外，为了确保电力系统供配电节能的合理性及优化性，在进行节能标准制订时，应坚持方便化、节能化及规范化原则，对用电设备进行优化处理，对生产工艺进行改进，以促进企业产业结构的优化。还需要在电力模式中运用供配电系统节能优化概念，以进一步促进电网结构的优化。

二、影响电力系统供配电节能因素

（一）电压等级

在对电压等级进行设置时，应严格按照电气系统中对电量需求要求的基础上，确保额定电压级别设计的合理性。一般在电力系统中，各点处的电压，均会出现与额定电压相偏离情况，需要将偏离的幅度设置在合理的范围内，以确保电力系统本身及电力设备运行的合理性。

（二）变压器

在供配电系统节能中，应优化选择配电变压器，空载损害是影响配电变压器正常运行的主要条件，发生的部位为铁心叠片的内部位置处，经内部铁心，交变的磁力线会出现涡流及磁带，进而引发损耗现象的产生。

（三）供配电线路选材及布线

影响供配电系统的节能及外耗的因素与供配电线路的布线及选材有直接关系。需要将电缆及导线作为供配电电路选择上一项需要重点考虑的内容。在进行电路布线的选择上，选择的内容包括优化负荷位置、内部线路布线、变电所选址等。

三、电力系统供配电节能优化策略

（一）合理选择节能变压器

供配电系统电力运输工作是影响电力系统正常运行的主要条件，对应的变压器是影响电压成功转换的主要原因，在进行节电变压器选取时，应根据电力的实际运输情况来决定，以完成对企业资源的集约化运用，确保电力企业在实际的发展过程中能够创造出更高的经济效益，为我国电力生态经济的持续及稳定发展提供依据。

为了确保选取的变压器能够符合当前企业的应用需求，需要将节能变压器作为优先选取的变压器，例如，当前市面上应用较广的变压器为S10、S13、S15等型号的变压器，以上几种变压器在实际的使用过程中，展现出了良好的节能功能，对降低变压器的空载损耗发挥了重要的作用。另外，工作人员还需要根据电力系统实际的运行情况，对变压器的数量进行合理选择，优化设计电力系统供配电，根据变压器的不同负荷特性，对电负荷的使用进行科学的分配，确保不同变压器能够实现可靠的运行，以降低变压器运行过程中的能源损耗量。

（二）合理布置供配电线路

为了提升电力企业供配电线路设计的合理性，要求电力企业中的工作人员应根据电力企业现阶段的实际发展情况及供配电线路的使用条件，以确保铝、铜等不同材质的导线选择的合理性。

基于实际的应用情况，铜芯电缆与其他材质的电缆相比，在电能传输上展现出了较高的使用优势，对降低电能损耗，确保电力企业各项工作的顺利开展提供了条件。但是铜芯电缆的成本较高，在进行导线选取时，要求供配电线路配置人员需要从全局角度出发，对供配电线路进行合理设置，以避免产生迂回供电情况。另外，在进行配电电路布置时，需要根据供电场所的实际情况有针对性地进行布置。例如，在进行低压电路设计时，需要将供电的半径控制在200m以内。一旦供电的距离比常用范围大时，电力企业可通过增加一级电路电缆截面的形式，来达到损耗聚能的目的。

例如，在高层建筑中，配电方式有多种形式，并且每种配电形式在敷设方式及配电装置中均存在较大的差异，敷设方式及配电装置彼此之间相互联系，各有优缺点。低压配电系统主要是采用分区树干式配电方法，1个供电区域中有相对应的回路干线，有助于促进供电可靠性的提升。一个回路干线配电楼层一般为5～6层，对于一些高层的建筑，层高应控制在10层以内。

（三）提高供配线系统功率参数

为了优化电力系统的节能，需要将提升电力系统的功率因数为依据，确保电网功率的损耗能够大大降低。变压器及电动机作为电力系统中的重要构成设备，本身具有电感性，是引发滞后电流产生的主要原因，进而引发配电系统中的线路电量出现严重的损耗。基于以上情况，要求电力企业中的技术人员在进行用电设备选取时，应以高功率的用电设备为主，为了能够将用电设备中所携带的电感性消除掉，需要对用电不畅电容器进行合理的设置。由于供配电系统中的静电电容器会产生无功电流，无功电流本身在提升功率及补偿滞后电流损耗中会发生重要的作用。因此，要求电力企业中的供配电系统设计人员，应做好节能优化设计工作，并根据现阶段供配电企业中的实际发展情况，合理选择补偿方式，补偿方式包括成组低压补偿、集中高压补偿及分散低压补偿等。

（四）合理使用节能照明设备

电力企业在进行供配电系统设计时，需要在节能优化理念下进行，以确保技能照明设备选取的合理性，能够满足人们日常生活的最基本需求，促进照明质量的提升，降低照明能源损耗量，促进电力企业节能效果的提升。另外，要求电力企业中的工作人员，应优化设计供配电照明系统，优化利用自然资源，合理利用自然光，将照明设备与自然光所提供的光源有机结合起来，以降低照明设备能源损耗率。如果自然光线充足，则无须打开照明设备。另外，电力企业的配供电系统设计人员，在对照明设备进行设计时，应结合实际的采光要求，以此来完成对不同灯光强度的有效调节，以降低电力企业的能耗量，为电力企业的稳定及持续运营提供条件。

（五）建立配电设计数据库

由于电力中包含大量的电力数据，电力系统需要做好电力数据的整理、收集及存储，确保能够将配电设计数据库的优势充分地发挥出来。为了提升电力监控系统运行效果及质量，电力系统会采集到所有的电力数据，并将其存储到数据库中，由于数据库本身具有较强的功能性，在实际的应用过程中，能够实现对不同类型数据的分类及处理，完成对数据信息的有效管理，能够将数据库中的信息提供给一些对数据信息有需求的用户中，用户为了能够获取到自己需要的数据信息，会自行对数据进行检索。通过建立配电设计数据库，促进了用户处理工作效率的提升，实现了对数据的规范化及科学化管理，确保了数据管理的精准性，为数据信息能够更好地在电力企业中应用提供了便利。

电力企业要想得到良好的发展，需要将配电系统的节能优化作为一项重要工作内容，意识到节能是促进企业持续发展的重要因素。要求电力企业中的配线系统设计人员，应根据现阶段电力企业的实际发展要求，合理选择节能技术及节能设备，以促进供配电系统功率因数的提升，电力系统照明设置的优化，降低电力系统中的能源损耗量，对企业的成本投资进行有效的控制。

第八节　电力系统强电施工研究

电力系统强电施工一方面主要是为了满足生活工作中的用电，一方面也是为了减少电能的损耗实施的一种措施，在技能、安全水平等方面强电施工的要求和弱电施工存在着差别，强电施工对于电能的传输担负着重大的责任，因此研究电力系统的强电施工有很大意义，在本节中，会根据现实情况，对电力系统中的强电施工进行研究。

强电施工保障了电能的充足供给，保障了居民的生活，也为了我国的发展发挥重大的作用。现阶段电力系统强电系统存在着一定的问题，要对强电施工进行完善，提高作业效率，加强细节的把控阶段，能建立电能的优化供给系统，相关的工作人员应该努力发现有效政策，在现工作的状态下，总结经验，对继续加强强电施工工作进行研究，提高工作质量，进一步保障我国的电能供给和安全等方面。

一、电力系统强电施工程序规范

强电施工系统是一个重要的工作内容，能够把握好强电施工工作的每个环节步骤，进行规范操作，才能保证工作内容的顺利开展，才能从根本上保证作业内容的质量。在强电施工开始前，首先就是要结合具体的实际情况，绘制一幅符合要求的图纸，并且需要对图纸上的各个内容进行充分的探讨，熟练地掌握图纸上的工作内容和要求，完成对图纸内容的审查工作，并且要严格按照图纸上的实施步骤，按部就班的开展工作，保证每项工作环节都是符合要求的且有质量。在工作过程中，还要对于预留信息进行考虑，清楚了解预留信息上的各个要求标准以及内容，才能进行完善的工作，一定要按照要求说明去实施，同时在操作过程中，要把强电和弱电分开，避免安全事故的发生。还要保证施工人员的专业水平，是可以进行施工操作的，对于各个材料的质量要严格把控，进行检验，在工作结束后还要进行检验工作，保证工作的有效性，避免工作中各个不稳定因素对于强电施工工作造成不必要的麻烦。

二、电力系统强电施工的现状

强电施工过程的一大问题就是安全问题，电力系统是一个复杂的工程，涉及的工作内容方方面面，作业范围较广，各个环节要求较高，在工作中容易因为管理不得当、监督力度不够导致施工问题，例如弱电和强电的混合使用，导致安全事故，这些操作不规范的问题都会造成严重后果。强电施工的相关工作人员的专业水平不达标，技术水平差别较大，强电施工对于人员要求一般较高，工作人员必须有相关的工作证件。也有的施工人员也有熟练的技术操作能力，但是在工作时很难注意到细节安全问题，对于整个方案的实施也不能把握精准，在这样的影响之下，会大大降低强电施工的效率，同样安全也无法保障，最终项目的质量问题也无法经受住考验，因此人员的能力统一问题，也是强电施工作业的重中之重。强电施工作业中也有细节把握不好的问题，在工作完成之后，会经过验收的环节，只要符合了运营的基本要求，就能通过，但是因为作业覆盖范围大，验收的主要要求又是能够正常供电就可以，所以在验收环节还存在着一些不够完善的问题，例如电网防范的保护、具体操作与方案冲突等，这些细节把握的不够好，就会成为潜在的问题，最终会爆发出来，产生巨大的不利影响。

三、强电施工的技术层面

（1）强电施工中要考虑电缆管预埋工作，在一些像潮湿、灰尘遍布的环境下，需要能按照线管排列的要求去完成，保证在施工过程中线管的完整性，避免环境的影响太大，进行预留预埋工作，需要加强工作设备的考察，要按照要求使用设备，这样才能利用保护好设备。还需要保护好线管的对接内容，线管在预留预埋中关键的零部件，需要满足抗腐蚀等方面的要求，还要考虑到价格实惠的问题，铺设时也要按要求，减少不必要损失。

（2）电线导入过程中要严格保护电线，避免损坏，还要清理电线管道的杂物，降低使用过程中的摩擦频率，减少摩擦带来的损失，管内穿线的技术要求较高，要保持管道的顺利传输功能，对于弯道等问题，要合理解决，并结几根电线在中间，对于不同电线要区分清楚，防止弄错导致的危险。

（3）电缆使用前要做好检查工作，对于电缆使用要进行实验操作，达到标准后才能投入使用，在使用时也要按要求设置，避免错综的现象，工作要按规律进行，还要加强防护措施。

（4）配备的电箱也是强电施工中的重要内容，电箱等设备的安装要按照具体的标准要求去安装，避免出现错误安装的问题，对于各个环节的设置问题也要符合要求，保证可靠性，严格按要求办事，保证工作的顺利实施。

四、电力系统强电施工的优化

（1）通过现代科学技术对于强电施工进行监管，管理人员能在后台对于各种信息进行实时的掌握，保证信息的及时传递，能有效管理相关工作。强电施工小组也要合理分配，对于各项内容最好做好记录，并且通过监管设备掌握现场的情况，进行动态化的管理。让工作人员能在后台对于处理现场情况进行措施安排工作，通过通信科技的发展，让整个强电施工处于科学管理的状态，对于各项工作能合理配置，提高工作内容合理规划的能力，使得施工工作能在做好基本内容的同时严格管理，减少管理失误的问题，提高工作效率。

（2）能做好相关工作人员的技术水平提高工作，虽然强电施工工作人员的基本要求就是要有相关职业资格证书，需要掌握相关技术，了解施工内容，但是每个人的水平参差不齐，随着时间的推移，要更新工作人员的技术水平，做到与时俱进，要根据现实提高专业能力，走在超前的位置，所以就要结合工作人员的具体工作情况以及每个人的成绩表现，对施工人员进行技术提高的培训，保证施工人员的专业技术资格，提高项目实施的质量和效率，为整个强电施工的工作提供保障。

（3）要提高相关行业，例如各类零部件、施工材料的部门的做工水平。在强电施工中使用的各类设备、零部件不在少数，要想保证强电施工项目的工作质量，就要从基本内容解决，提高相关使用材料的质量水平，能够根本上解决安全隐患，延长材料的使用年限，同时又能控制价格要求，才能真正地投入大范围的使用。相关设备的使用也要满足长期使用的要求，能够高效地完成任务目标，确保不耽误强电施工的工作进程，为人们的供电提供更好的质量保障。才能为国家的发展提供强有效的支持。

本节对于电力系统的强电施工有一个基本的探究，从现状分析上看，强电施工还存在着进步的空间，首要的工作就是做好安全防范工作，提高工作人员的技术水平，为强电施工提供质量保障，为了更好提供电能供给，需要相关部门采取更加优化的政策来提高整个强电施工行业的质量水平，从根本上保障我国的用电和居民的生活需求。

第九节　电力系统规划设计研究

电力系统规划设计直接影响当前的电力系统的安全性与可靠性，也是当前电力企业发展的重要环节，以此来保障人们的用电需求。电力几乎涉及当前人们日常生活的各个方面，如果未能进行合理的规划设计用电，将直接影响经济的发展。基于此，本节从当前的电力系统规划设计内容入手，深入进行分析，并结合实际情况，明确当前规划设计的重点，以供参考。

随着时代不断发展，人们积极对电力技术进行创新，促使当前电能逐渐成为人们生活的基础能源，以满足当前的需求。电能自身具有较强的基础性，在实际的应用过程中可以高效的转换为其他能源，被人们广泛地应用在各行各业中，促使现代经济稳定的增长，同时，为人们提供便捷的服务，提升人们的生活质量。

一、现阶段电力系统规划设计的主要内容

对于电力系统设计来说，受其自身的性质影响，属于一个不断深入发展与探索的过程，因此，在设计前期应进行合理的系统规划，明确其实际的设计内容，并制订好完善的电力系统长期发展计划与短期发展计划，合理对当前的单项电力工程进行指导，并为后续的工程开展奠定良好的基础，提供重要的理论依据，具体来说，当前的设计内容主要包括以下几方面：

（一）进行区域电力负荷预测

通常情况下，在电力工程区域内的电力负荷进行有效的预测与分析，并进行合理的分析预测，其主要的内容是以当前的区域经济运行为基础，参照近年来经济发展的主要趋势，对该区域的最大负荷进行逐年预测，明确其电力工程建设的必要性。在预测分析过程中，主要包括当前的在建工程、已建工程以及规划工程，灵活应用当前的序列预测法、模糊控制理论，对电力系统的布局进行详细的分析。例如，当前电力电源主要包括两部分：一部分是地方电源，主要是指当前区域的小电站以及企业自身的发电机组；另一部分是统调电源，主要是指当前由电网进行统一规划的大型发电厂。对于不同的电源来说，其自身的出力情况不同，需要对其进行详细的分析，以满足当前的需求。

（二）电力电量平衡

电力电量平衡是当前电力系统规划设计的重点内容，直接发挥出约束的作用，因此，应积极对该因素进行分析，并以当前的电源处理与电力负荷为基础进行分析，在不断的优化发展过程中，通过合理的预测明确当前系统自身的最大负荷，并结合电源的出力，获取电力电量的实际盈亏，确定当前电力系统的变电与发电设备容量，满足当前的需求。

（三）接入方案分析

电力工程在设计过程中接入何种有效的方案直接影响电力系统自身的实际运行效率，因此，应积极进行合理的方案分析，以满足当前的需求。以当前工程自身的网络特点为基础，进行合理的创新分析，明确当前负荷的分布，加强对电网进行规划，并结合当前国家政府部门的实际审批意见，综合对当前的电力工程分布进行方案分析，尽最大可能节约成本，并降低能耗，降低设备升级带来的压力，促使电力设计规划有效地进行。

（四）进行合理的电气计算

在进行电气计算过程中，工作人员应首先对当前的电力网络中电压分布与功率进行计算，并以此为基础，明确当前的系统运行状态，进而对各个器件的实际运行要求进行分析，为后续的继电保护装置的运行奠定良好的基础，满足当前的需求。积极对电网的各个节点的损耗与电压进行计算，并明确其实际的数值，分析系统实际的稳定性与可靠性，并对容易出现问题的环节加强管理，为后续的维护与检修工作奠定基础。系统的稳定性能计算也是重点内容，主要包括暂稳态计算、频率稳定计算以及电压稳定计算等几部分，明确各方案自身的实际运行参数，促使工作有效的开展。短路计算与无功补偿计算也是当前的重点内容，短路计算的主要目的是明确各支路的短路电流，而无功补偿计算则主要是解决当前电力系统中由感性负载引起的损耗，通过合理的计算获得最合理的系统设计方案。

二、电力系统规划设计工作要点

现阶段，随着我国经济的繁荣发展，人们对于电力的需求不断增大，不仅仅是在供应的稳定性上进行要求，更注重对质量的提升。由于电压的不断升高，我国电网规模不断扩大，促使电力消耗逐渐增加，只有不断对当前的电力技术进行有效的创新，才能满足当前时代的需求。对于电力工程设计来说，需要其以当前准确的相关数据为基础，并利用数据对当前的工程实际施工进行指导，保证其工作有效的开展，基于此，应明确以下几方面的工作要点，以提升设计质量：

首先，积极进行合理的调研，在电力系统规划设计工作开展前期，工作人员应积极对该地区的负荷情况进行合理的调研，对相关的数据信息进行收集，例如，明确当前发电厂、电力线路、变电站以其他环节的地理信息布局，同时加强对电厂自身的容量技术参数进行分析，了解地区系统运行的相关材料，保证工作有效地进行。积极对当前电力系统最新的设计规范进行资料更新，积极对工作人员进行培训，促使其具有良好的专业水平与能力，为项目的运作与开展奠定良好的基础，提升规划设计效率。

其次，积极进行有效的准备工作，尤其是在当前的电力系统规划设计工作开展初期，电力设计单位应深入了解当前电网的实际情况，通过对该区域电力系统的运行数据材料进行整理与分析，加强对企业内部的发展进行了解，进而明确实际的经济发展方向，通过合理的规划，保证当前电力系统规划设计与当前的实际计算数据相符合，进而提升规划设计工作的准确性。

最后，进行有效的电力系统规划设计计算，通过对当前现有的资料进行整理与分析，积极对电力系统的浪涌与潮流进行计算，进而保证计算数据的准确性，同时，通过各支路的短路电流计算结果明确当前系统进行无功率补偿量，进而以此为基础，分析出电力系统自身的规模性、可靠性、经济性、实行性以及系统性，进而为当前的电力系统规划设计奠定良好的基础，满足当前的需求。

综上所述，在当前的时代背景下，人们对于电能的需求不断提升，尤其是对于电能的质量要求越来越高，只有不断对当前的技术进行创新，才能保证电力系统设计规划符合当前时代的要求。因此，电力从业人员应积极对当前的电力技术进行学习，提升自身的专业能力，并不断借鉴国外先进的经验，促使我国电力事业稳定发展。

第二章　电力系统自动化的实践应用

第一节　如何提高电力系统自动化的应用水平

随着时代的发展和进步，信息化时代的到来改变了人们的生活方式，越来越多的电子信息技术进入到我们的生活和工作中，带来了很多便利。我国经济的增长带动了电力行业的发展，自动化技术作为信息时代的产物，人们在使用电器和电子设备时都是带有自动化的装备，自动化技术在人们生活中的应用越来越广泛。电力系统的自动化技术既为科学管理提供了保障，也为电力行业的发展起到了促进作用，所以，坚持探索与创新的理念，是电力行业自动化技术发展的前提和基础，提高系统整体的应用水平，继续服务于人们的生活。

电力系统自动化的技术在人们的生活中已经体现在方方面面，它服务于人类，又依靠人类的技术得以发展和提高，但是我国目前的电力系统自动化技术的水平还有很大的发展空间，需要人们继续探索和研究，继续提高技术水平。本节针对我国目前的技术水平提出了一些问题，并就如何提高技术水平提出了一些意见和建议，希望能对技术的提高起到实质性的作用。

一、探讨关于如何提高电力系统自动化的应用水平的研究现状分析

在信息化时代的背景下，国内许多行业的发展适应了时代的需求，因此对于电力系统自动化企业的引导应放在前列，以第三产业的发展带动全国经济发展的整体水平。当下电力系统自动化企业发展所面临的科学技术问题突出，企业必须创新发展，满足工厂生产的成长需求以及人们正常生活的需求。目前，对于电力系统自动化的应用已经取得了一定的效果，但是由于工作人员技术水平不高，或者管理不善，从而影响了其的应用效果。

二、探讨关于电力系统自动化在实际应用中存在的问题

（一）由于受到传统电力系统发展观念束缚，缺乏创新

改革开放以来尤其在我国加入 WTO 以后，国家总体经济水平不断提高，人民的生活质量也有所改善，同时大部分一线城市居民正追求高质量的生活，这就需要雄厚的物质基础来满足人民的生活水平。电力的保障是人民追求高质量生活的第一步同时也是最重要的一步，电力在居民生活中不仅应用于各个方面而且还方便了人们的衣食住行，因此如何保证电力系统自动化的稳定和安全是每个从事此方面工作人员义不容辞的责任。但是，由于受到传统电力

行业发展观念的束缚，目前一些电力系统自动化行业缺乏一定的创新能力，虽然实现了自动化，但是应用效果仍然有待提高。在进入到 21 世纪以后，我国电力行业发展已经取得了不错的进步，同时利用信息化技术有效地改变了传统电力行业发展的现状，将原先传统的人工操作转换为自动化操作，提高了工作效率，同时也减少了人工操作的失误。但是针对目前的高技术手段的应用，一些工作人员由于技术水平不高，受传统观念的束缚，以及在操作方面没有随着技术的更新而改变，这都是目前电力行业所面临的主要问题，需要我们从各方面进行改进，有效改变目前电力行业自动化系统应用的现状，提高应用效果。

（二）管理制度不够完善，导致电力系统自动化在应用方面的效果不是很好

没有规矩不成方圆，任何系统和组织的管理都需要制度来约束，而电力系统在管理制度这方面还有待提高的空间，管理制度不完善，导致电力系统自动化在设计应用时出现了很多问题，在问题出现时，没有合理的制度来约束，一定程度上就会影响自动化技术的研发与开展。电力系统自动化的应用给人们的生活，尤其是针对大型的生产企业来说，提供了电力保证，所以为了更好地提高电力系统自动化的应用水平，需要不断完善相关方面的管理制度。目前关于电力行业自动化系统方面的管理制度还不够完善，一方面是因为技术更新的速度是比较快的，所以产生的问题也比较新颖，在管理制度方面可能会来不及更新，导致对一些棘手的问题不能进行合理的处理。另一方面，相关的制订人员对于电力行业自动化系统的了解不充分，也是因为受其水平的限制，一些工作人员的职业素养不高，这也在一定程度上影响了管理制度的应用效果。所以，为了促进电力行业系统自动化更好的发展，需要不断完善相关的管理制度，并要提前走提出应急方案等，尽量减少损失、减少对资源的浪费。

（三）由于工作人员工作水平不高，影响了电力系统自动化的应用水平

我国在进入到 21 世纪以后，虽然各行业都取得了长足的发展进步，但是由于受到世界性经济危机的影响，我国经济在发展过程中也遭受到一定的打击。虽然科技行业是推动我国经济发展进步的首要行业，但是由于资金有限，科技研究的支出也变得严格，其中一些电力系统行业搞科研没有奖金，这样一来便削弱了基层工作人员的工作积极性。众所周知，一个行业想要更好的发展，需要充分提高工作人员的技术水平，但是目前在电力系统自动化行业中对于人力资源的运用并不合理，所以带来的影响也是不好的。尤其是近年来信息化技术更新的速度不断加快，在人才供应方面会存在一定的欠缺。目前国内的各大高校对于技术型、专业性方面的人才培养并不是很足。一方面，是因为一些高校的师资队伍建设不充分，教师的教学水平也有待提高，这些因素都在一定程度上影响了对电力行业人才的供应。另一方面，目前一些高校关于电力行业方面的专业开设的比较少，同时相关实训的基础设施也不够完善，这就影响了学生对电力实训的了解和相关方面技术的掌握。

三、探讨关于如何提高电力系统自动化的应用水平

（一）不断提高变电站的自动化技术水平

提出的第一个改进策略就是要不断提高变电站的自动化技术水平。变电站是电力系统中关于电的分配和运输的重要组成部分之一，其主要作用是将获得的电能进行重新调节以及分配。当自动化技术应用在电力行业中，电力系统自动化技术一直都是我国科研人员研究的重点，我国的变电站有上万座，每天都会发出几千伏的电压，提高变电站的电力输送速度，也能提高自动化技术的水平。但是针对实际中存在的一些问题还要进行积极的改进，不能受到传统发展观念或者模式的限制。为了更好地改善电力系统自动化方面的技术，提高技术水平，需要从多方面进行全面的改善。首先，需要加强相关方面的人才培养，企业要加强与高校之间的联系和配合，培养专业性、技术型人才。其次，要不断完善相关方面的管理制度，有效改善目前的这种状况。另一方面，还要加强对相关管理人员的培训，让他们对电力行业自动化方面有更多的了解。

（二）不断提高电力系统调度自动化技术水平

第二个改进策略就是要不断提高电力系统调度自动化技术水平，其中电力系统自动化系统通常指的是电工二次系统，就是指电力系统自动化采用多种具有自动决策、检测以及控制功能的装置，并通过信号系统与数据传输系统针对电力系统的局部系统、各个元件或者是全系统进行就地或远方自动监视、调节、协调与控制，从而确保电力系统在安全稳定健康中运行。这不仅需要高科技，同时对于专业性人才的需要也要大大提升。在进行改进时，可以通过进行工作的实时监督，对于实际工作中存在的一些问题，及时发现，及时改进。

（三）不断提高配电网自动化技术水平

提出的第三个改进策略是就要不断提高配电网自动化技术水平，如何提高配电网自动化技术水平，仍然需要从技术方面进行考虑。首先配电网自动化是推动电力系统自动化应用水平提升的关键组成部分，所以要从技术和管理方面进行积极的改进。一方面，要不断提高配电网自动化的技术水平，不仅需要对相关方面的人才提出要求，还要对企业的技术研究人才提出更高的要求。另一方面，需要不断完善相关方面的管理制度，对于相关方面的工作人员既要进行政策上鼓励，还要对技术型工作人员提出一定的责任要求。

四、探讨关于如何提高电力系统自动化的应用水平的研究前景分析

本节通过关于如何提高电力系统自动化的应用水平的研究现状进行了具体的分析，接下来将关于如何提高电力系统自动化的应用水平的研究前景做出具体的展望。关于如何提高电力系统自动化的应用水平的研究前景分析，接下来主要从两个方面进行具体的分析。首先，随着社会经济水平的不断提高，对于社会发展的要求也越来越高，电力自动化系统技术将会在治理环境污染方面得到显著的应用。目前全球各国对于能源资源的需求正不断提升，也因

此能源危机发生了，所以要不断地研究出新的清洁能源，并且对环境污染程度很低的资源供人们开发，进入 21 世纪以后，我们需要不断改进电力系统自动化的清洁能源的水平。其次，关于电力系统自动化的应用仍然需要从国家层面出发，进行政策上的鼓励，提高企业的科研创新能力和水平等。

综上所述，在进入到 21 世纪以后我国的经济水平逐渐提高，经济发展的基础是依靠我国第一产业、第二产业、第三产业的发展，第一产业是农业，第二产业是工业，而第三产业是服务业，其中在第三产业中信息化技术的应用最为全面，所占比例也最大，因为科技的注入，所以在很大程度上节省了人力物力，降低了生产成本，从而就会带动经济水平的不断进步。电力系统自动化技术是一种新型的技术手段，对很多行业的发展都起到了很大的作用，所以我们必须从多方面出发进行积极的改进，从而有效推动相关行业以及社会经济的发展进步。

第二节　电力系统自动化的计算机技术应用

计算机技术的飞跃发展为电力系统的更新和改进提供了有力的技术支持，另一方面也促进了电力资源在社会中的充分利用，电力系统的安全性和可靠性的提升一直以来都是系统改进的工作重点。计算机技术在电力系统中的有效应用既可以简化人工烦琐的操作过程，又可以在很大程度上减轻电力负责人员的工作压力。电力系统的运行情况很容易受到来自外界的各种破坏，电力系统运行的效率就会因此而降低。要想让电力系统的运行更加的稳定就要保持电力系统的完整性，同时还要注意对电力系统设备的定时维修和检测。

一、电力系统的自动化

（一）电力网络调度自动化

在电力系统中包含了一个很重要的元素那就是对于电力网络的调度，我国电力网络的调度管理模式主要是被分为五层的，从国家一直到地区的乡镇都有其具体的管理模式，另一方面，电力网络调度自动化的实现主要还是依赖于终端级的设备和计算机网络技术的发展以及辅助作用。通过全面分析我国电力运行的整体数据就可以发现在预测电力的具体运行过程中依然存在很大的问题。而且电网调度的自动化主要有处于电网核心的计算机网络控制系统和一些其他的服务器终端。除此之外还有一些工作站和变电器终端的设备，电力网络发电情况的自动调度是有着其很重要的实际意义的，而电力调度自动化的实现就是要最终保证电力运行过程的稳定和生产过程中和对于数据的有效监控和采集，电力系统的运行状态评估工作也是必不可少的，这项工作对于电网运行的安全性和稳定性来说有很大的影响，电网运行过程的一系列检测工作不但要符合实际的运行过程还要与我国现代化电力市场的整体运营状况相匹配。

（二）变电站自动化

变电站自动化的实现意义主要就是采用最新型的自动化设备来简化原有的人工操作过程，在监控方面也能够很好的取代原有的人工电话监控模式。这样一来不但可以节省人力资源还可以在很大程度上提高变电站的整体工作效率，变电站的监控功能才能得到最大限度的发挥，变电站运行状态的稳定性和安全性也能得到最大限度的保障，变电站的工作中还有一个很重要的内容就是要实现电站运行中对于电气设备的有效监控工作，也就是说要使用全自动化的计算机装置来替换掉原有的电磁式设备，这样就可以基本实现变电站设备的网络化和数字化模式。在变电站中电力信号的电缆一般都会选择采用计算机电缆来进行工作，从而将监控以屏幕化的形式展现出来，另外还要尽快实现设备运行管理模式以及设备统计工作的全自动化。因为变电站全自动化的实现不但可以让工作过程变得更加的简单便捷，还可以使电网调度发挥它最大的作用。

（三）智能电网技术

在电力系统中智能电网所起到的作用主要就是智能控制技术的实现，这种智能控制技术会不断地体现在电力系统的各个方面和各个环节之中，总的来说就是电力系统的完善和发展是离不开计算机技术的辅助和带动的，不管是在调度自动化工作中还是柔性电流的输电国政中计算机技术都发挥着不可替代的作用，我国智能电网的整体创建在一定程度上也离不开数字化电网的辅助，两者在彼此配合中最终获得发展。

二、电力系统自动化中的计算机技术

（一）电力一次设备智能化

在电力系统设备的安装过程中可能会出现一系列的问题，因为在一般情况下设备的安装地点和实际安装地点的距离可能会比较远，另一方面，这些设备之间的连接还需要一定的电流控制电缆和电力信号才可以完成。在电力运行的具体过程中就会发现连接和通信工作会耗费大量的电力资源，电力一次设备的作用主要是保护正在使用中的二次设备免受破坏，并且能够将测量功能也集成在一次设备之中。这一过程的实现可以在很大程度上减少二次设备的资金投入，因为二次设备可以通过一次设备来完成相应的运行工作，另外这样不但可以节省大量的控制电缆和信号线，还可以降低使用和维护工作的成本。

（二）在线状态的检测

在电力系统中一些需要检测的设备都是固定的，主要包括了一次设备中的变压器和发电机以及汽轮机等的检测，信息技术的检测最大的好处就是可以让这些一次设备在在线的状态之下就可以完成检测工作，这样也方便对于一次设备运行情况的整体把握，而且在掌握了一次设备的整体情况之后就可以对检测到的设备信息进行有效的分析，以便能够准确地判断一次设备之后的运行状况，具体工作就是排除掉一些设备运行中出现的故障之后采取相应的措施来具体提高一次设备的使用寿命和运行周期。

（三）电力互感器

电力互感器的使用主要就是为了让高压电在输电线路中可以按照一定的标准来降低自己使用的电流值，这也就是一个变电的过程。一些电压在实际的应用过程中往往等级比较高，所以对于相应的绝缘体的电阻要求也就比较高，而且设备的体积和质量也必须符合具体的要求。一旦发现信号动态的范围缩小的话很有可能就会造成电流互感器的电流也出现了过于饱和的状况，这样的话电力的信号就可能会因受到影响而不能及时的实行对接保护措施，计算机技术在这样的情况之下也就很难会发生作用。

三、电力系统自动化中的计算机技术设计

（一）计算机视觉技术的使用

在电力系统的自动化之中，应用计算机视觉技术只要是实现在最短的时间之内更加准确的获取到想要的图像信息，而且变电站的系统一般都是以因特网的传输作为核心的，所以就需要设计合理的变电站监控和警戒系统，这样做的好处就是方便随时调取电力系统运行的画面，而且这种监控系统还可以结合多种传感器和视频信号从而丰富系统内容。计算机视觉技术的应用主要体现在可以有效地节约电缆的数量，而且在监控的时间上是不受任何限制的。另一方面就是它的检测范围相对比较广泛而且有很强的自由行和灵活性。这种监控系统甚至可以分辨人眼所识别不了的一些图像。这也就是说计算机视觉技术在电力系统中的应用是十分有必要的，不但可以在最大限度上丰富监控系统软件的具体功能，同时还可以利用自身的优势去满足电力系统的各项需求，但是由于图像的类型是复杂多样的，所以图像识别功能还需要将进一步的完善和改进。

（二）计算机在电力调度中的使用

计算机技术在电力系统中的有效应用对于简化人工作业来说有很重要的意义，另一方面在进行具体的操作时首先就要设置操作票，而操作票的设置是必不可少的一个环节，所以负责调度的工作人员必须要加强重视。但是由于操作票的工作任务十分繁重，在长期的压力之下操作票的工作效率一直不是很理想，所以就需要相关的电力企业仁青当前的形势，重新对调度的人员进行合理的编制，并且按照自身的实际情况来完成操作票的生成和存储工作，在此基础之上不断的改进和组合直到操作票的最终生成。

状态评估工作和在线潮流的计算工作对于调度人员的工作效率来说也是十分重要的，因为只有有效地完成评估工作才能提高调度人员的工作质量。另外，调度工作人员还要根据电网的具体运行情况来不断地提高自己的反事故能力，并且根据状态评估和在线潮流计算的结果来创新电网运行的方式。

第三节 发电厂电力系统自动化技术应用

随着我国经济的不断发展和我国人民生活水平的不断提高，人们对于生活中的电力需求量也越来越大，而作为我国重要的基础设施，现代电力系统必须跟紧时代的脚步，通过与计算机技术、互联网技术、信息技术等现代科学的结合，实现电力系统自动化的发展模式。这不仅能保证电力系统的运行效率和传输质量，还能改善电力系统的运行模式，优化系统配置，适应现代化对其的要求，并且能够节约资源和降低成本。本节将针对不断变化的市场情况出发，研究电厂电力系统自动化技术的应用，阐述自动化技术的发展方向和自身优势。

在计算机应用技术高度发展的今天，我国发电厂的电力系统应该也紧跟科技进步的方向，大力开展电力系统的自动化技术，目前来看，计算机系统需要介入的环节有很多，例如运输环节、发电环节、变电环节等，由此看来，计算机技术在电力系统中得到了广泛的应用。所以，电力系统自动化技术的提升和发电厂工作模式的优化都要依靠发电厂各个施工环节对自动化技术的具体应用，明确自动化技术的发展方向和广阔前景，对于整个发电厂来说十分重要。

一、电力系统自动化现状

（一）自动化的应用种类

目前，我国的发电方式有水力发电、风力发电、火力发电厂三种，这三种发电方式中，效率最高的是火力发电。这是目前使用最广泛的一种发电方式，随着节能技术和自动化技术的介入，我国对电厂的各类发电要求也愈发严格。而大多数电厂已经出现设备老化，水资源的管理不够严格、机器运行效率不高、煤炭燃烧质量极差、系统设计不够完好等情况，造成资源配置不合理，煤炭燃烧后的烟气污染物过多，这种情况不但无法达成节能降耗的目的，反而还增加了污染物对环境的影响，尤其是偏远地区的火电厂已经不符合国家的政策要求，因此必须对其采取措施，通过自动化技术的应用减少对环境的影响。在这种情况下，我国虽然已经竭力减少火电厂的数量，但是预计到 2035 年，火力发电仍是我国的主要发电方式，我国目前的情况是，装机容量约十四亿千瓦，而火力发电占其中的 75%，因此火力发电厂的自动化技术应用仍是重点问题。

（二）电厂自动化技术的实施效果

从国家开始重视自动化技术在电力系统中的使用后，开始实施各种方针，我国在发电厂供电消耗燃料方面进步飞速，2007 年电厂供电燃料消耗为每千瓦 350g，每千瓦降低了 10g 左右的消耗，开始了节能减排的大计划。从 2017 年起，通过国家的政策和各研究部门和电力企业的共同努力，预计在三年之内可以达到电厂供电燃料消耗减少到每千瓦 320g，节能方面争取达到世界一级水平。而在减排方面，在十年前，我国电力二氧化硫排放量同比降低百分之 9，厂烟气脱硫机组容量达到 1.1 亿千瓦，同比增长百分之 4.8，成为我国减排工作的突破点。在 2007 年我国就已经达到烟气脱硫装置投运容量占全部火电机组容量的二分之一，实现了二氧化硫的排放量在可控范围之内。十年过去了，我们取得的成果离不开国家的政策方针和企业工作人员的重视，最重要的是我们的科技水平在进步。

二、影响电厂自动化技术应用的因素

（一）燃料因素

在发电厂的工作流程中，对锅炉进行加热的燃料主要是煤炭、煤油等物质，这些燃料的燃烧过程和生热质量都各不相同，而锅炉对产热水平的要求却十分统一，没有自动化技术的严格控制，往往在燃烧生热的过程中，燃料燃烧不充分的情况十分严重，对火电厂的工作效率产生了影响。由于我国的煤炭资源有限，而不同种类和处理方式不同的煤炭其内部成分也不同，将它们燃烧之后使其自身性质与内部结构并不适应，产生了燃烧不充分的情况，降低发电效率，使电厂自身的发电效率受到了影响，因此使用自动化技术来控制生产能源的消耗程度是很有必要的。

（二）相关操作人员专业性不足

目前，我国发电厂的操作人员专业素质都较差，他们大多只做到了利用自动化技术完成发电工作，而忽略了发电过程中的安全问题和节能问题，缺少操作的规范性，因此导致他们自身对于人工作业和自动化技术结合部分的重要性了解的并不多，工作态度仅仅停留在完成工作的层面，缺少创新性和发展性。特别是近年来我国电厂的工作人员还在用传统的人力检修技术，这种技术的局限性已经不能够满足当今社会对于发电厂的要求，加上对自动化应用方面的不重视，导致成本的增加。所以发展自动化技术，可以减少人力的介入，增加工作效率。

（三）发电系统的运行消耗

一般来说，单个发电厂需要承担整个区域全部设施和用户的电能需要，其发电量和能量消耗指数都是十分庞大的数据，从电能的产生、传输到用户使用，这些流程是一项巨大的工程，所以发电厂不单单只是依靠一个产热设备，而是一套完整且复杂的机器设备，而且其数量也很多，控制起来十分复杂，因此在电厂锅炉同时运行的时候，会发生不可避免的能量消耗，锅炉设备的自身运转也消耗了大量的电能，虽然是发电厂自给自足，但是也会对电能的生产量和我国资源的合理使用性造成影响，多余能量的消耗间接性影响了电厂的经济效益和发电效率。

三、自动化技术在电厂电力系统中的应用与研究

（一）自动化系统的一体化

随着我国节能减排政策的推广和自动化技术的发展，在电力生产方面，通过自动化控制机组数量的增加来提高生产水平，例如我国的大型发电厂已经开始通过对控制系统的自动化

更新来达成由两机一控到四机一控的技术突破，大大增强了发电效率和节能水平，同时减少了人力成本。不仅帮助电厂内部实现统一管控、实施监督，而且也节省了很大的运行成本和生产过程中的能源消耗，不仅杜绝无用损耗，更减少了实际消耗，自动化技术既帮助电厂实现了节能减排的生产目标，又提高了企业自身的经济效益，在行业内处于领先水平，增强了企业的知名度和竞争力。

（二）智能自动化产品

在科技技术发展速度飞快地今天，电厂的自动化技术也更新了一代又一代，通过对自动化控制技术的推广与研究，不但提升电力企业的生产水平和生产效率，而且帮助电厂实现了统一管理和实时管控，为电厂提供了合理的生产方式，完成符合社会趋势的生产目标。智能自动化产品的推广不仅维护了企业自身的经济效益，更为国家的可持续发展做出了巨大的贡献。

（三）电厂的网络化集中控制

目前，我国的信息控制技术发展飞快，一些电力企业可以通过对电厂辅助车间系统机室采取集中控制，通过自动化技术控制其位置和技术手段，以此来提升电厂的工作效率。目前我国已经有类似案例，通过对多个控制室内的辅助系统进行统一，通过技术手段整合成为一个完整、庞大的控制系统，这种方式不仅减少了自动化控制的难度，还能减少人力成本，通过提升控制的效率来完成对发电过程中能耗的管控，间接性减少了作业成本，提高了经济效益。

（四）电力系统中变电站自动化技术的应用

在发电厂电力系统的运行过程中，变电站的意义十分重要，而随着计算机技术和物联网技术的介入，变电站自动化运行应运而生，其中包括，变电系统的数字化、网络化和信息化改革。这样的转变，大大增加了电力系统的运行效率和管理效率，通过对各类自动化系统的统一管理，实现变电站的自动化管理新模式。

（五）电力系统中电网调度自动化技术的应用

在发电厂电力系统的运行过程中，每一个运行的环节都需要自动化技术的介入，尤其是电网调度方面，这个环节的工作效率完全依赖于智能自动化技术和计算机技术的合作。通过互联网技术将电力系统的装置互相连接，利用计算机系统对整个电网调度工作进行自动化监控，并定时自动采集相应的数据，控制电力系统的运行状态，保证电力负荷和需求量在可控范围之内，实现智能化管控。

（六）电力系统中智能电网技术的应用

随着计算机科学与技术的不断发展，计算机技术和互联网技术在电力系统中的作用越来越明显，尤其是电力系统在配电、输电、发电、变电等重要环节上。而计算机技术在电力系统中进行全系统的智能控制，这种操作叫智能电网技术，其中包括电力系统从生产电能到用户使用到电能的全部过程。而通信技术在智能电网数字化方面起到重要的作用，该项技术使电网系统具备可靠性、双向性和实时性。

总而言之，随着我国经济的不断发展和人们生活水平的不断提高，社会对于电能的需求量越来越大，这使得我国的电力系统运行负荷越来越高，成本也随之增大，而工作效率会因负荷的增加而减少。目前，自动化技术在我国电力方面的发展还有极大的空间，相关工作人员应该对其进行创新开发，参考国内外的优秀案例，以此达到既能提升我国经济效益，又能更好地服务社会，为我国的可持续发展奠定基础。

第四节　计算机技术在电力系统自动化运维中的应用

电能源在人们生活、社会发展中发占据重要地位，电能需要通过相应转化才能得以应用。其中，电力系统自动化运维就是重要环节，随着计算机技术的普及应用，在电力系统自动化运维方面起到了十分重要的作用，逐步实现了电力系统自动化、智能化，提高电网作业效率并促进电力行业稳定发展。

计算机技术的出现改变了传统电力生产形式，推动电力系统走向自动化、数字化方向。文章就计算机技术分析在电力系统自动化运维应用。

一、电力系统自动化运维分析

电网企业信息发展，信息系统运行对计算机技术依赖性越来越强。所以，对信息通信运行保障能力有了新的要求。云计算的出现与软硬件资源完善，信息系统运行从传统架构转向云架构形式。信息系统设备数量的增多，运维人员运维负担大，人工运维模式已经难以适应信息系统运行要求，创新运维工作模式成为当务之急，推动运维工作由被动转为主动，由手动转为自动，支持各类信息系统稳定运行，为电力系统提供技术支持。运维自动化系统集成了开源、稳定的技术展开创建，结合准确运维、自动化运维自主部署、自动化配置、自动化任务整合，完成集中管理、集中展现，为运维工作提供保障。

二、电力系统运维自动化系统设计

（一）设计要求

第一，标准性。根据电网企业标准设计成果确保运维自动化系统规范化、结构化。第二，技术成熟性。整体技术路线方案选型时，立足于开放性标准，选择先进、成熟的技术，让系统顺应电网企业要求，更好的适应今后发展变化要求。第三，效率与稳定性要求。运维自动化系统具有开发难度大、数据信息量大、稳定性要求严格的特点，在系统结构、组件、部署等设计中需要结合效率与稳定性因素，才能保证系统符合性能要求，稳定运行。第四，可扩展性。系统具有良好的扩展性与可变化性，提供标准的开放接口，有助于系统升级改造与其他系统实现数据分享。

（二）技术结构

运维自动化系统包含基础设施层、代理层、服务层、接口层，各层之间以低耦合形式的远程通信技术完成数据分享。第一，基础设施层，位于系统最底层，提供物力设备、云平台等基础设施。运维目标是物理主机或虚拟主机，兼容常见云平台。第二，代理层。该层涵盖服务组件在运维目标上的代理程序与标准协议。具有部署代理、配置检测代理、监控代理等功能，各单元能够独立部署。第三，服务层。该层各单元工作模式相同，提供服务接口，用于接收管理层的管理请求，接口将请求发送至服务引擎；再读取运维规则处理运维请求，储存至关系型数据库内。第三，接口层。该层能够提供标准得 RESTFUL 接口服务，数据输送格式为 XML。管理层调用接口，传输管理请求，接口层再将请求发送至消息队列内。服务层获取请求，执行有关运维操作。第四，管理层。运维自动化系统兼容 B/S 架构操控台，调节不同服务的功能接口完成运维流程和底层技术操作连接。上端为 PC 端提供展示面，为管理人员提供操作入口，为大屏展示提供数据源。

（三）数据结构

第一，数据源。运维自动化系统中数据库包含标准数据库、指标数据库，标准数据库完成参数、结果的统一定义，指标数据库完成指标数据的储存和应用。标准数据库包含：首先，接口数据。接口数据指的是接口的种类型，系统对外提供的接口为 RESTFUL 标准接口。其次，参数数据。调用接口过程中传输的参数和运维任务执行过程中传递的参数。参数格式为 JSON 格式。再次，结果数据。与参数数据相近，统一标准与格式。最后，文件数据。上传的规则库文件，以 YAML 与 Python 格式文件。指标数据库中的数据包含，台账数据库、用户信息库、监测信息数据库、运维任务数据、系统状态数据、日志数据等。第二，信息搜集。系统内信息搜集分为代理程序采集数据与标准协议，例如：SSH、SNMP 等数据。搜集的数据统一传输至服务层展开数据处理。第三，信息处理。信息处理是将搜集的信息与状态信息传输相应的功能单元展开处理，把处理的结果储存并展现给运维人员。第四，信息储存。台账信息、运维信息等使用关系型数据库 MySQ 储存与管理，以多副本形式确保数据稳定。第五，数据分析。数据分析主要进行信息事件与异常信息处理，以插件化形式完成，用户应用第三方工具实现定制化处理分析。

（四）部署方案

第一，拓扑。系统中物理节点包含控制节点与代理节点，管理的主机为受控节点。控制节点荷载较高时，利用代理节点分散较高部分荷载，提供系统处理数据效率。网络中受防火墙影响造成控制节点难以直接管理受控点时，可利用代理节点完成管理。第二，容量计划。各系统组件占据一定空间，自动化部署组件的数据储存功能是提供操作系统、软件安装。自动化配置组件、任务执行组件、监测组件的数据储存目的是记录日常任务执行记录。自动化监控报警组件对数据储存需求较高，其目的是记录各监控项的历史信息、报警事件。自动化监控报警组件要求进行信息储存完善，历史信息储存时间为一周，趋势信息储存时间为一个月。每日监控报警信息约 2GB，实际信息量还要根据监控主机的数据与任务执行信息计算。

电网企业信息发展，信息系统运行对计算机技术依赖性越来越强。所以，对信息通信运行保障能力有了新的要求。文章经过对运维自动化工具与技术分析，分析适合国家电网企业的运维自动化系统，创建以运维工具为主的运维系统，创新运行模式，在确保信息系统稳定运行与安全性的同时减少人力、物力投入，提高运维效果。此外，应用计算机在运维系统中实现与主流的云计算技术融合，在今后发展中将进一步扩大对系统功能的设计，与时俱进。

第五节　电力系统自动化配网智能模式技术的应用

随着我国智能化系统的不断发展，电力系统的电力生产、运行和管理等环节的自动化程度不断提高，尤其是智能模式技术的推广，使得电力系统的配网全面实现了智能化系统控制，智能化新技术极大地推动了配网建设和管理系统的智能化，促进了我国电力系统跨越式发展。文章以电力系统配网智能化系统的建设和智能模式技术两方面的应用为出发点，对自动化配网的智能模式技术进行了全面的技术分析和探讨，能够为新技术的研发提供借鉴参考价值。

电力系统的配网能够高效、稳定地运行是进行供电可靠性和安全性的基本前提，从而尽可能地缩短电网系统停电的时间，进而实现电力系统经济利益的最大化，这就对电力系统提出了新的要求，特别是配网系统的建设不仅要考虑电网系统的稳定、安全，更要兼顾绿色环保和运行方式的灵活性，从而为智能化的配网技术发展和研究提供基础保障。基于电力用户利益的立场，进行配网智能模式技术的研究是社会进步和市场竞争的主导趋势，同时也是电力系统实现经济利益最大化和快速发展的最佳方式。

一、电力系统自动化配网智能模块系统的建设

（一）电力系统自动化配网数据维护和终端管理

电力系统中自动化配网智能模块技术的核心技术是智能化系统，通过优化自动化配网系统的数据端接口和智能化运行环境，能够使得智能化系统的图形和电力参数实现增量模型和全模型的自动输入和输出，从而保证配网系统输入数据的准确性，这样能够有效地减少对图形数据维修的重复工作量。在对自动化配网系统的终端进行选型时，应该选用混合的配电模式，这样能够规避由于突然停电或者是更换电源对整个电力系统带来的干扰。

（二）电力系统自动化配网智能调度系统

电力系统自动化配网的智能调度系统主要有以下作用：首先是能够对隐藏的风险进行检测和智能报警，通过电力系统数据库的实时更新以及配网模型的有效构建，可以按照程序设

定的运行步骤和检测程序对自动化配网系统的电负荷等典型的参数进行智能化的自动核查，准确地判断出配网系统是否有无超负荷违规现象的存在，从而对停电计划各个时段有误程序冲突做出预先的判断，进一步辨别自动化配网系统中预想的薄弱环节是否存在技术漏洞和配电风险等，进而为配网系统正常运行的自动化管理提供有力的辅助支撑。配网系统的智能化核算程序科学地制订了电力系统可参考的数据库，降低了不必要的停电对电力系统负面影响的程度；其次是智能化控制和故障修复技术，电力系统停电、闭环转电和复电是配网系统常见的操作模式，按照智能化配电网络的拓扑结构，能够切实地加强配网智能化控制下运行状态的核算力度，建立起逻辑判断的防失误机制，从而把多个操作项目整合成为集中统一的操作程序，并将传统的人工操作系统更换为智能化控制系统。当自动化配网系统发生停电故障后，智能化系统能够使得电力系统快速地进行自愈复电操作，并对停电故障识别和主站逻辑判别进行智能化设置，从而实现对停电故障的定位和及时的隔离，按照配网系统电负荷的多少，由智能化系统采取有效的处理方式，快速地排除故障进行复电操作；自动化配网系统应该具有可定制的系统功能，与传功的配网监测方式不同，自动化配网智能模式的监测功能主要是把电力用户的诉求作为行动的目标，从而实现各个监测功能的个性化定制，这就需要配网系统的接口和电力参数在整个配网系统内要有统一的判别标准，进一步提高自动化配网系统的可视化和智能化程度。

（三）电力系统自动化配网数据的深度开发

在对电力系统自动化配网数据进行深度开发时，一方面要构建能够进行数据实时更新的数据库和运行平台，对来源不同的图形和模型等数据参数进行实时的更新、搜集和汇总分类，进而创建信息服务便捷化、开发手段多样化的开放系统。自动化配网系统的数据库和平台应该具有电力参数搜集和整合的综合功能，这样就可以为实现智能化管理提供丰富的数据资源，有利于电力模型的构建和对图形数据进行有效的维护。此外，通过多元化的控制系统能够对静态和动态数据实施更加丰富的展现；另一方面自动化配网系统对于电负荷的实时性具有较好的分析处理能力，从而对电力系统电负荷的特点和变化规律进行详细的分析和汇总，能够为自动化配网智能模式的建立提供具有参考价值的数据库支持，进而实现配电高峰和低谷划分的科学性和使用性，有效地提高电力企业的外在形象和管理水平。

二、电力系统自动化配网智能模式技术的应用

（一）自动化配网系统的集中智能模式技术

自动化配网系统的集中智能模式的操作重点是把智能化系统检测出的系统故障、详细信息通过断路器等设备传递给电力系统主站的智能化控制系统，然后经过智能化系统的专业计算和精确的分析来识别系统故障发生的准确位置。这种方式主要是借助于自动化配网系统拓扑网络的控制能及相应的控制装置实现对系统故障的及时隔离，保障整个配网系统不受负面

影响，从而能够正常、稳定地进行电力系统的配电。自动化配网系统的智能模式综合考虑了电负荷过载、网络电能损失等各种不良影响因素，以电力系统科学化的分析结果为基础，制订出能够使得电负荷过载缓解和电能损失恢复的有效措施和解决方案，本质上利用控制程序对具体的设备实现对电负荷进行专供，这种操作模式具有普遍的适用性，不仅可以构造不同形式的配网系统，还能够进行系统故障的排除和修复。集中智能模式技术的技术优势非常突出，主要用在架空线路和环网电力结构中，能够保证自动化配网系统的高效运行，对于电力系统的稳定维护具有积极的促进作用。

集中智能模式技术主要有以下技术优势：当自动化配网系统中发生故障时的控制模式和正常运行工况下的控制模式都能够自动地实现调控手段的灵活性，并且对系统故障具有针对性，同时也能够按照电力管理人员的操作程序在自动化配网系统中预先设定的程序中稳定地运行；能够整合整个配网系统中电力用户的用电信息，并以实时的电力数据形式传递到系统的主站控制系统，这样可以确保主站采取合理有效的解决措施，并且保证措施的准确性和有效性，进而确保整个系统信息传递和命令传输的畅通无阻；能够实现和无功电压补偿装置、配电检测计量终端设备之间的兼容性，从而方便实现自动化配网系统无功控制的作用；集中智能模式自身能够对系统故障进行判别和切除的自动化功能，可以把系统故障的影响和经济损失降低到最低水平，在进行控制操作时，可以与继电器等系统保护装置进行联合动作，进一步提高自动化配网系统的稳定性。

（二）自动化配网系统的分布智能模式技术

自动化配网系统的分布智能模式经常用在配网系统故障发生后的处理环节，一旦自动化配网系统发生故障，就需要在第一时间进行系统故障的修复，如果任凭系统故障的存在，将会导致配网系统设备损坏，并造成巨大的经济损失甚至是危及技术人员的生命安全。由于自动化配网系统本身就具有系统故障判别、定位和隔离等控制功能，可以对配网系统的网络结构重新进行构建，这样就简化了技术操作的步骤。分布智能模式技术的核心设备是以 FTU 为基础将多个断路器组合而成的分段器，在实际操作中，分段器的重合功能发挥着非常重要的作用。通常情况下，按照分段器工作原理的不同，可以将分段器分为电流计量型和电压控制型开关，前者是以故障电流来引发分段器发生开闭次数来判别故障发生的准确位置，后者则是以系统主站分段器第一次和第二次产生故障电流发生的时间间隔来判定事故发生的大概位置。

分布智能模式技术主要有以下技术不足：对自动化配网系统和电力用户的终端装置的冲击力比较大，并且对系统故障的分析速度和恢复供电的效率比较低；需要不断地对系统主站的速断定值进行更换，相应的电力参数改动也比较频繁，尤其是在多个支路和多个电源等比较复杂的配网系统中，电力系统整合的难度非常大；在同一条线路中上重合器和下重合器之间的互动性效果不理想。

近些年来，随着我国经济的快速发展，对于电力的需求越来越大，电力系统自动化配网智能模式技术也随着智能化技术的推广得到了完善和优化，配网系统的智能模式技术在新型信息技术的推动下更是得到了空前的强化和提高，在工程实践中不断地取得技术上的突破和创新，加快了技术优化的进度，能够为我国电力系统的稳定运行提供坚实可靠的技术保障。本节主要阐述了电力系统自动化配网智能模式技术的应用，具有重要的现实意义。

第六节　电力调度自动化中的网络安全

随着我国经济的快速发展和科技的不断进步，电力调度的自动化程度越来越高，电力行业的发展规模空前的扩大，电网线路也在不断地强大，给供电企业的电力调度工作带来了很大的困扰。如果电力的调度工作不到位，就会给企业和居民的生产生活带来极大的难题。因此电力企业要高度重视电力调度的自动化网络安全问题，保障安全用电，营造良好的网络环境。通过对电力调度自动化中网络安全问题的探讨，分析我国电力调度自动化的发展情况，从而进一步的促进我国电力行业的健康发展。

随着我国经济的发展，我国电力行业也获得了发展的机会，电力调度自动化的水平也在不断地提高，为我国经济社会的建设做出了巨大的贡献。但在电力行业的发展中也出现了一些问题影响着电力行业的前进，电力调度的数据和交流的信息存在着巨大的安全隐患，被网络黑客的病毒不断的攻击和威胁，对企业的信息安全造成了很大的隐患，严重的造成了电力行业的经济损失。因此电力调度自动化的过程中要不断地加强网络安全的管理，提高网络安全管理的水平和质量，使电力调度自动化在安全网络环境中运行。

一、我国电力调度自动化网络安全管理的现状

随着经济的发展，各行各业都得到了快速发展，生产生活用电量逐渐的增大，加剧了电力行业电力调度工作的程度。科技的发展推动了电力调度工作的效率，自动化技术被广泛地应用到电力调度的工作中。但我国的电力调度的自动化程度起步较晚，信息技术的不成熟，容易遭受网络黑客的攻击，严重威胁着电力调度自动化的网络安全。虽然在某些电力企业采取了一定的措施对电力调度的自动化网络安全实施保护，但仍旧没能从根本上解决网络安全的问题。制约着我国电力调度自动化的健康发展。

（一）电力调度系统紊乱

我国电力调度自动化随着信息技术的发展升级和更新较快，因此电力调度的自动化程度不能顺应科技的发展而更新换代，降低了电力调度自动化的水平，且系统结构内部出现不同层次的问题和混乱，严重地影响着我国电力调度自动化的工作进展，一定程度对人们的生产生活带来了较大的影响。因此大量的电力调度自动化网络安全防护失去了意义，对安全防护没有起到应有的作用。

（二）网络安全管理不到位

由于电力调度自动化系统的结构十分的复杂，因此在网络安全的管理中有一定的难度。互联网技术的广泛普及和使用，使得电子邮件和网页的应用日益的普及，但也存在着病毒和黑客攻击的不良现象，对互联网的安全带来了极大的隐患。在我国的一些电力企业管理中对网络安全的重视不够，监控系统与 MIS 系统的连接没有安全的防护措施，造成了数据丢失和经济的直接损失。另外网络上的黑客对电力数据的传输进行任意的篡改和窃听，从而对电力设备造成了威胁，对电力调度自动化的正常运行生产严重的影响。

（三）系统管理人员素质过低

在电力调度自动化网络安全的维护过程中，往往因为电力调度系统人员缺乏一定的职业素养，对电力调度自动化中的网络安全认识不到位，对于出现的问题没能及时地解决，从而导致网络安全隐患时有发生，最终对电力调度的自动化产生影响，不利于电力调度自动化工作的顺利展开。

二、提高电力调度自动化中的网络安全措施

（一）科学合理的设计网络构造

通过对我国电力调度自动化过程中出现的一系列安全隐患问题的分析和探讨，需要对网络安全问题引起高度的重视，遵循网络安全的整体性和统一性的原则，严格遵循网络安全的相关规定，实施统一的安装和管理，统一的调配和使用。在电力调度自动化网络系统的构建当中，首先要充分考虑安装过程中的因素，关注于外界的物理因素，防止因火灾、地震等不良意外事故影响网络安全问题。对电力调度自动化系统的管理和控制要严格地按照国家相关的规定和要求，密切关注系统机房的温度和湿度，防止机房的线路发生短路对电力调度自动化系统造成损坏。如果机房的温度过高，要适当地采取降温的方式，采取相应的保护措施，防止温度过高烧毁电力调度自动化设备。做好防静电的处理，铺设防静电的地板，为电力调度自动化提供外在的条件保护。

（二）实施电力二次安全防护策略

对系统业务中重要性和影响进行分区，对控制系统以及生产系统实施重点的控制和保护，并将所有的系统放置在安全的区域内，对安全区进行有效的隔离，采用不同类型的隔离装置对核心系统实施防护。在专用的电力调度数据中设置网络安全保护，与其他分支分网络进行隔离，防止受到牵连和影响。在专用网络上多层实施防护，并对数据远方的传输采用认证和加密等手段进行保护。

（三）完善电力企业网络安全管理

要想实现电力调度自动化中网络安全管理就必须为管理提供强有力的法律保障和技术支

撑。对电力人员和设备等多方面进行有效的管理，实现网络管理的合理化和全面化。建立健全网络安全管理的体制，让电力调度自动化网络安全健康运行。根据相关的制度和规定对企业的电力安全进行管理，降低事故发生的概率。并在相关的制度约束下对电力调度自动化网络进行全面检测，确保电力调度自动化在安全的环境和条件下运行。管理体制中应当明确电力企业个人的职责，并将电力调度自动化的网络安全职责落实到个人，这样也有利于电力调度自动化网络安全的管理工作顺利展开。在技术方面实现全方位的管理，并采取必要的防护措施，对网络运行中的各个细节进行严密的观察和监测。

（四）提高电力企业人员的综合素质

电力企业人员的素质和技术水平关系着电力调度自动化网络的安全运行和管理。对于电力调度自动化人员不但要具有扎实的专业技术基础，还要有良好的职业素养和综合素质。同时电力调度自动化的工作人员还要从自身做起增强自身的网络安全意识。电力企业要定期对电力调度自动化人员进行专业的培训，使企业人员正确地对待电力调度自动化中的网络安全问题。只有电力调度自动化工作人员自身的安全意识和综合素养提高了，才能从根本上杜绝网络安全隐患的存在，才能为网络安全问题提供正确的解决方法。

电力企业作为国家经济的重要支柱，应当重视电力调度自动化的网络安全管理问题。电力调度自动化的网络安全问题对电力企业的健康发展起着重要的作用，如果忽视电力调度自动化中的网络安全问题，就会造成企业的经济损失。因此电力企业在电力调度自动化中要加强网络安全的管理，从人员、技术和设备等方面实现电力调度自动化中的网络安全，促进电力企业的健康和可持续发展。

第七节　变电站电气自动化及电力安全运行

立足电网系统，变电站是重要构成部分，其运转的安全性与稳定性直接关乎电网系统的供电质量，事关系统运行的效率。基于此，为了维护电气设备的有效运行，现代自动化技术的应用势在必行，强化变电站运行的高效监督与管理，全面做好电力安全运行维护工作，在根本上为用电安全性与稳定性提供坚实保障，推动电力系统的可持续发展。

变电站是维护电力系统高效运转的核心因素，涉及诸多设备类型，对电能的有效配送意义重大。基于新的发展时期，面对社会用电需求的持续上升，变电站面临新的挑战，因此，自动化与安全运行成为重点，是保证整个系统稳定运行的关键。

一、结合行业发展正确认识变电站电气自动化对电力安全运行的社会价值

首先，对于社会生活，电能是基础，是社会经济发展的前提。随着用电量的增加，用电隐患也逐渐加大，尤其是大负荷电器的应用，促使电气设备深受挑战。而电气设备运转状态与变电站自动化以及电气安全运行息息相关。其次，只有依托较高的电气自动化水平，保证

电力运行的安全性，才能切实提升变电站管理水平，保证高质量的电能输送，为电力系统稳定发展营造更加优质的环境。

二、基于专业角度对变电站电气自动化发展方向的分析

（一）依托分层分布式结构，构建变电站整体框架

对于变电站，其总体框架的设计模式为分层分布式结构，主要涉及三个部分的内容，即站控层、网络层以及间隔层。具体讲，对于间隔层，其主要依托传感层，实现对变电站内一次设备运行数据的全面收集与分析，以此为依据，进行相关指令的执行与传达，实现对一次设备的有力防护，达到控制管理的目的；对于网络层，以工业以太网为支撑，以传输为目的，传输速率超高，是变电站运输的基础。站控层是整体框架的中心，作用是实现对变电站所有电力设备运行的全面监控与管理，涉及报警、指令执行等。

（二）基于整体框架，全面了解变电站硬件类型，强化系统运行的监督与管控

立足变电站整体架构，其硬件设置的分析主要是对硬件配置进行全面了解。具体讲，在站控层，其主要包含的硬件设备有服务器、报警器以及监控机等；在网络层，硬件内容有交换机、光缆以及光纤接口盒等；中间层的硬件以电能采集装置、开关柜以及相关保护装置等为主。在硬件设施的支持下，能够进行数据的高效传输。基于数据传输的基本原理，主要是以网络层通信光缆为依托，实现双以太网传递目的，维护电力安全运行。只有依靠科学的二次设备硬件设计，才能增强对一次设备的监督控制，为安全性奠定坚实基础。

（三）重视功能模块与接口的软件设计，加快电气自动化设计目标的实现

基于功能模块的软件设计：对于变电站电气自动化，软件设计是关键，主要是以硬件设施为依托，强化自动化运行的实现。具体讲，对于软件设计，首先是以功能模块为基础，强化 A/D 采集以及计算机处理的实现。依托功能性模块，能够实现电力信号的分析转变，构建能够解读与识别的信号，形成系统决策，达到对于各种信号性质的辨别。其次，通过 A/D 采集，借助计算机进行数据分析，同时进行信息存储与合理分类，便于后期查询使用，达到人机交互的目的。最后依托开关量进行输入与输出操作，达到信号转换与传输目的，同时，准确识别信号档位。

功能接口的设计：对于功能接口，主要涉及三部分，即与继电保护装置的接口、与电能计量系统的接口以及与智能仪表的接口。对于保护装置的接口，以双网口方式为主，作用是实现网络检测，强化与监控系统的有效连接；电能计量接口以规约转化器为手段，达到电能计量设备电能的合理规约，满足收集的目的；仪表接口也就是通信接口，与报警器等处于连接状态，达到数据协调处理的目的，满足数据采集与分析的目的，实现高密度监控的目的。依托软件设备的设计，强化电力系统二次设备的全面整合，提升监控自动化水平。

三、提升变电站安全运行的策略

将无人值守专责制度落到实处，保证责任到人：对于变电站运行管理，为了有效落实无人值守，要避免盲目性，以变电站实际管理情况为基础，将设备无人值守专责制落到实处。具体讲，在管理实践中，要善于对职责进行分解，加强巡视与维护，专人进行验收，保证责任落实到人。一旦设备出现故障，要保证在短时间内找到责任人，防止责任不明确，保证故障得到及时解决与处理。

重视自动化管理制度的优化与完善，维护电力系统稳定运行：立足变电站自动化运行，其安全性深受多方面因素的影响，为此，要进行科学分析，重视规划，制订针对性的应对策略。具体讲，从人员管理角度分析，要对人员制度进行优化，重视规范化与制度化管理，切实提升整体运维管理技能水平，促使各种人员能够在实践中积累经验，重视做好设备维护检查，提升人员工作积极性，实现对自动化的高效管理，维护电力运行的安全性。

正视行业发展挑战，加强员工技能培训：立足变电站管理，岗位处于分散状态，甚至有些变电站管理水平较低，管理资金投入不大，管理人员不足。另外，随着变电站配套设备的增加，管理面临极大压力。为此，要结合实际，构建合理的培训制度，做好考核，切实加强运行管理人员运行技能的提高。

对于变电站运行，电气自动化主要服务于系统安全运行，因此，电气自动化是决定变电站安全运行的关键。为此，要结合变电站发展实际，正视电气自动化对于系统运行的价值，掌握提升电气自动化管理的方法与途径，构建行之有效的安全维护措施，为电力系统的稳定运行创造更加有利的条件。

第八节　电力通信自动化信息安全漏洞及防范策略

在如今社会经济飞速发展的时代，科技日新月异，我国的各个行业领域都取得了较大的发展成就，特别是在计算机技术、网络技术等高科技领域。目前，电力通信技术在各个领域中都发挥着不可忽视的作用，自动化系统的出现也使电力通信技术的性能得到了优化。本节主要探究了电力通信自动化信息安全漏洞及防范策略。

随着我国经济实力的提升，我国在电力通信方面也有了很大的突破。近年来，我国电力通信系统的自动化水平在不断提升，这使得网络传输质量和速度也产生了质的飞跃，网络信息保密方面也有所突破，但是不可否认的是电力通信自动化信息安全漏洞还是普遍存在的，在如今网络普及的时代，网络信息安全漏洞的存在严重阻碍了电力通信的发展，因此，必须有效解决此问题。

一、电力通信系统的安全管理重要意义

电力通信系统的特点决定了电力公司在对电力自动化通信系统进行管理时，必须要对其

数据进行全面的加密处理，并且要根据数据类型的不同选择不同的加密措施，通常来讲，电力通信系统中的数据可以分为实时数据和非实时数据两种。下面就从这两个数据类型的特点对其进行安全管理研究。

（一）电力通信实时数据的基本特点

在电力通信过程中，无线网络中主要采用的是实时数据的传播方式，换言之就是无线网络的主要应用特点是能够实现对实时数据的传播，而且值得注意的是在实时数据的传播过程中，对于数据的时间的要求是非常严格的，即不可以出现较大的时间延迟现象，也就是说要保证实时数据的有效传输。另外，在无线网络传输的过程中，数据的流量相对较小，所以除了保证数据传输的速度外，还要对数据的稳定性进行分析，以更好地实现数据的安全运行。通常来讲，在数据的稳定性的控制方面，数据可以分为上行数据和下行数据两种，对待这两种数据的稳定性的措施是不同的。首先，对于下行数据来说，要想实现稳定性的管理，就必须要实现对相关无线设备的安全管理，即对现有的无线自动装置和网络遥控设备进行安全管理；其次，对于上行数据的传输过程，要做好相关的信息检测和事件记录，也就是说相关人员要依据电网调度的相关信息，对数据的稳定性进行全面的分析，即对其使用过程中的可靠性和安全性进行分析。

（二）电力通信非实时数据的基本特点

对于电力通信过程中的非实时数据而言，其最大的传输特点就是在传输过程中，要同时处理数量较大的信息，也就是说对于数据的传输量的要求比较高，但是值得注意的是对于时间的要求相对较为宽松，也就是说可以允许一定的数据延迟现象的产生。此外，还要注意的是要对数据进行严格的加密处理，因为非实时数绝对保密性的要求通常比较高。

二、电力通信自动化信息安全漏洞及防范策略

（一）电力自动化中心站方面

电力通信系统中实现信息传输功能主要依赖于电力通信中心站，只有保证其正常运行才可以保证信息的安全传输，然而在中心站方面却存在信息安全漏洞，为了更好地解决此方面问题，可以从如下几个方面着手。首先是管理方式。鉴于对中心站进行维护需要以指令来完成，因此要确保各个指令的可行性、实用性，而指令的传输和接收需要依靠各个接口来实现，而目前能够在此方面发挥很好作用的则为光纤接口，其能够对接口进行安全防护，避免在接口处发生故障；其次是安全防护角度。在安全防护方面我国应用最多的则是防火墙技术，其在应用中可以很好地阻止黑客攻击，也能够避免在各个程序运行中带来信息安全隐患，若将其作用进行归纳可以体现在如下几点：第一，限制非用户对系统进行访问；第二，可以避免网络攻击，并且实现网络管理；第三，对整个网络的所有子站进行统一的管理。

（二）电力信息无线终端方面

无线终端作为电力通信的过程中一种重要的设备，其对于网络的应用安全也是有着十分重要的影响，即在通信子站和中心站的连接过程中，无线终端不仅要实现对数据的有效传输，还是连接两个站点之间的重要设备。对于无线终端而言，实现系统的安全防护就是要对其访问的安全性进行设置和管理，因为无线终端设备的最大安全威胁来源于操作用户的不合法性。具体来说，在终端设备的安全防护过程中，首先，要对用户身份进行准确和有效的识别，也就是说要对用户进行一定的操作密码设置；其次，要对用户的访问范围和权限进行设置，也就是说要根据现有的数据的保密程度的不同，对不同的数据信息进行不同的加密处理，这样就能够实现对数据的更多层次的保护。

三、电力自动化无线信息通信的加密方案

（一）多层次加密方案设计

在网络加密方面已经有了多种方法，如应用较为广泛的端端加密、混合加密、链路加密等，在我国传统电力通信自动化系统中，其大多数均应用了链路加密的方式，这种方式可以避免流量分析攻击，但却并不适用于如今的电力通信系统，因其无论在传输速度上或是在传输容量上均已经无法充分满足要求，并且节点众多，若要进行加密管理则要实施解密算法，这对于整体管理而言极为不利。此外，这种方式的应用容易受到攻击，而一旦节点被攻破即会为整个通信系统的安全造成影响，故而在当今的电力通信中应用最多的为应用层加密方式，其能够很好地避免链路加密中出现问题，并且无论在服务器方面或是在客户端方面，都能够进行加密算法的全面覆盖，同时其也可以提升整体传输速度和质量，更支持软件加密的应用，能够在网络层和应用层之间进行通信加密，非常符合现代社会对信息通信方面的要求。

（二）加密算法

虽然目前应用层加密有多种形式，但应用效果最佳的还是摘要算法，其能够在数据流方面起到较好的作用，例如其支持分段摘要计算，该种方式能够很好地保证数据传输完整性。在电力系统 SCADA 中，实时数据的传输是最为重要的，但在此过程中信息是否泄密并不会对传输质量有任何影响，反而是要注意数据是否存在被篡改，或是被冒名重发的现象，如目前发送信息为 N，而共享密钥是 B，接收方在信息加密校验中即可以将 MD5（n+b）丢弃，也不会对数据信息安全造成影响。而若在此过程中采用秘钥计算，则需要在 MD5 算法的基础上进行优化，即要在此进行摘要计算，否则难以确保数据的完整性和独立性，由此可以看出，与其他方式相比 MD5 更有优势，如其效率高、操作不繁复等，并且 MD5 不需要特殊的密钥管理等优势也使其成功被各个领域接受和喜爱，所以其也已经成为现阶段电力信息系统信息安全漏洞防范模式中最受欢迎的一种。

总而言之，电力通信自动化系统中的信息安全问题对电力行业的发展以及人们的日常生

活都有较大的影响，若不能够实现较好的安全防护，就不能实现数据的准确传输，而且还可能给电力系统的运行造成阻碍。所以，相关电力部门应该对电力自动化无线通信中的信息安全问题予以重视，结合信息安全的需要，制订科学有效的方案，以保障电力无线通信的安全。

第三章　电力系统自动化与智能电网理论研究

第一节　智能配电网与配电自动化

电力企业作为经济发展的支柱，电力系统的智能化发展是电力企业进步的关键。智能配电网、配电自动化的应用，是科学技术发展的选择，同时也是提高电力企业市场竞争力的重要措施。以智能配电网与配电自动化为核心展开研究，详细剖析智能配电网、配电自动化的内涵与关系，从而认识到两者的重要性，并且总结其未来的发展方向，目的在于进一步实现电力系统的智能化。

智能配电网与配电自动化是电力系统改革、智能技术升级发展的重要产物，尤其是配电自动化，进一步推进了电力系统的智能化发展。作为智能配电网的关键环节，配电自动化发展十分关键。电力系统更加注重低碳化发展，在此发展趋势下，智能配电网调整发展模式，结合配电自动化的升级，转换利用方式，拓展智能电网，打造更加全面、科学的数据网络体系，从而提高电力系统运行的稳定性与高效性。

一、浅析智能配电网、配电自动化

智能配电网。所谓智能配电网，其本身是电力系统配电网系统发展与升级的延伸，同时也是智能化发展的体现，进一步满足了电力系统的发展需求。智能配电网的全面落实，主要以高新智能技术为主，以集成通信网络的方式，融入更多先进技术，引进先进设备，从而提高配电网系统的控制能力，确保配电网系统安全健康的运行。智能配电网具备超强的自愈能力，能够有效抵抗不良因素的影响，并且进一步满足用户电量方面的变化。以智能配电网控制电量应用，解决电力系统高峰期跳闸抑或是电力不足等问题。智能配电网的应用，很大程度上创新了电力系统的运行模式，同时提高系统运行效率，保证了电力系统供电质量。

配电自动化。配电自动化作为智能配电网的关键内容，配电自动化本身以运营管理自动化为基础，实现低压状态下智能配电网的自动运行，帮助智能配电网实现全自动控制，提升智能配电网的信息化。配电自动化本身具备多种功能，能够及时收集智能配电网运行数据，并且对数据进行加以分析，根据故障类型自动设置隔离。配电自动化集微电子、自动化、计算机等于一体，有效控制智能配电网系统，维持配电网稳定运行。配电自动化在不断发展中逐渐实现了调度"可视化"，改善配电网中存在的供电质量难题，提高故障处理效率。当然配电自动化中包括 GIS 平台，有效管理配电信息，提高配电网控制力度，迅速解决因为各种原因出现的电力系统停电故障等。配电网自动化提高了智能配电网系统的控制能力与信息化水平。

二、智能配电网、配电自动化关系剖析

智能配电网与配电自动化，都是电力系统智能化发展的重要体现，同时也是智能技术应用的关键。现代化电力系统发展面临更多问题与挑战，协调好智能配电网与配电自动化之间的关系，激发两者的应用价值，获取更多发展优势。配电自动化属于自动化技术类型，智能配电网发展中，配电自动化技术为智能配电网提供了更多便利条件，两者关系十分紧密。智能配电网的安全高效运行需要配电自动化技术的支持，当然配电自动化技术价值的展现需要智能配电网的帮助。配电自动化技术有效结合信息技术、互联网技术等，实现信息的高效交流，打造自动化信息采集与分析模式，将其很好地融合到智能配电网中，形成自动化运行整体。自动化技术支持配电网智能化运行，有效处理配电网中面临的管理问题与故障问题，并且帮助智能配电网实现用电情况统一分析。

智能配电网、配电自动化之间存在一定的差别，首先是智能配电网的智能化技术更为先进与成熟，并且技术范围更加广泛，包括配电自动化中的二次技术，还包括一次技术与其他先进技术。智能配电网在电力系统中的应用，主要以降低系统运行成本为目标，实现系统的开源节流，提升配电网的运行性能。配电自动化技术的主要目的是辅助智能配电网实现电力系统智能化运行，完善全新智能配电网发展模式。智能配电网在传统配电网系统基础上，增加电表信息读取统计、电网自动化运行等功能，为用户用电与咨询相关信息等提供更多方便。

三、智能配电网与配电自动化发展趋势总结

从电力系统长远发展与智能发展来说，智能配电网、配电自动化二者缺一不可。市场结构调整，经济环境发展变化，节能化、低碳化发展成为主题。在这样的发展背景下，智能配电网、配电自动化必须深入剖析未来发展趋势，明确未来发展方向，实现发展价值。

认真对待智能化发展要求，加大技术创新力度。智能化发展是主要方向，不管是智能配电网还是配电自动化，都必须加大技术发展与智能发展创新力度。电力系统智能化发展期间，创新离不开新技术的开发与应用。充分利用波载通信技术，做到配电系统信息变化的及时掌握与统计发布，为智能配电网增加读取远程电表功能，时刻掌握用电信息与用户用电需求。配电自动化技术积极创新，总结实际应用经验，做好信息处理工作，从中筛选出更多有价值的信息资源，为智能配电网智能化发展提供更多参考。科学应用用户电力技术，搭配低压配电技术、数据分析技术、系统检测技术以及微处理技术，升级配电自动化技术，从而进一步提高电力系统运行的安全性以及电能质量、信息处理的目的，增强智能配电网运行的可靠性、安全性。技术创新与升级，还能够进一步解决供电量需求变化的难题，帮助智能配电网实现特殊符合下的正常运行。为智能配电网赋予柔性化特点，更加灵活地控制系统运行。

　　提高配电网安全重视，强化配电网运行功能。随着智能配电网的发展，配电自动化技术很好地协调了智能配电网结构，并且增添更多智能化功能，帮助智能配电网更好地朝着电力市场发展方向前进。加强对配电网安全的重视，进一步强化配电网运行功能，提高智能配电网工作效益，为电力企业发展创造更多优势。电力企业发展竞争愈加激烈，配电网自动化的实现，电力企业供电质量明显提升，并且在很多方面节省运行成本，实现了企业经营的开源节流。自动化运行与故障检测等，都是保障配电网安全的重要手段，功能性更强，智能配电网的运行效率明显提升。加大配电自动化技术的开发研究，强化配电自动化，从而升级智能配电网性能。

　　深入研究新能源技术，实现配电网可持续发展。智能配电网与配电自动化未来发展，还需要加大对新能源技术的研究力度，利用新能源技术减少智能配电网能源消耗，贯彻落实环保运行理念，升级配电网保护控制能力，实现电力系统能源的统筹规划。在配电网运行过程中，对于运行管理方式提出新标准，对此智能配电网、配电网自动化都必须积极调整，严格控制网点的选择。突破传统配电网中分布式发电的限制，以 SDG（科学数据网格）为载体，充分利用其超强的适应性能力，适当渗透 DER（分布式能源），有效减少配电网传统能源消耗。这样一来可再生能源在配电网中得到全面推广，电力企业的碳排放量明显降低，同时节约了更多的化石燃料，真正做到了环保发电，电力生产节能手段得到优化，智能配电网与佩戴能自动化的能源结构得到有效转变。

　　综上所述，智能配电网与配电自动化的发展，打破了传统配电网发展限制，并且升级配电网自动化技术，两者的有效结合与充分利用，实现了电力系统的高品质、高水平、高环保、高标准"四高"发展。

第二节　智能电网调度自动化系统研究

　　电网调度是电力系统中的一个十分重要的环节，智能电网调度自动化是未来电网发展的主要趋势和方向。阐述智能电网调度自动化系统的基本组成、主要特点及构建要点，分析智能电网调度自动化技术的发展前景，以期为电力行业的良好发展提供思路。

　　电网是一个整体，电能从生产到输送再到使用，各个环节的总量时刻都在发生着变化。由于电网电能具有不可储存的特性，所以在电网系统中的电能在任何时刻都必须保持平衡，即发多少电的同时就必须用多少电，否则电网所供应的电能质量标准就难以符合国家规定的各项指标。根据电能生产总量和使用总量必须保持瞬时平衡的特点，如果整个电网系统没有统一规范的组织、严格的管理和科学的调度，电网根本无法安全稳定运行，所以电网调度是电力系统中的一个十分重要的环节，电网调度自动化是电网调度发展的一种全新模式。当前电能是人类生产生活过程中不可缺少的能源，随着我国经济社会快速发展，智能电网建设已经成为电力行业转变发展方式的一个必然选择，智能电网调度自动化技术具有环保性能好、安全可靠系数高、节能效果显著、自愈能力强等优质特性，因此，智能电网调度自动化是未来电网发展的主要趋势和方向。

一、智能电网调度自动化系统的基本组成

智能电网调度自动化系统组成主要分为 3 个部分：主站系统、数据通信网络系统和厂站自动化。调度自动化系统是整个电网的控制核心，能够对电网的各个环节进行监控，一方面可以保障电网安全稳定运行，另一方面能够根据反馈的信息及时发现故障，并第一时间对故障进行妥善的处理，有效防止故障范围进一步扩大而造成大面积停电。同时，智能电网调度自动化系统可以根据收集的故障信息对电网整体运行状况进行综合分析和研判，按照结果对电力系统中出现的各类复杂的情况和问题进行必要处理和有效解决。

二、智能电网调度自动化系统的主要特点

建立调度自动化系统能够充分发挥自身优势，逐渐减少高消耗、高污染的能源使用量，从而提高清洁、可再生能源利用率。智能电网调度自动化系统具有十分强大的优质特性。

超强的自愈性。智能电网调度自动化系统具有超强的自愈性，保障电网能够安全可靠运行。系统可以在无人操作的情况下，自动对电网中的问题进行修正和解决，从而消除潜在的风险隐患。智能电网在运行过程中，系统可以持续地进行检测，通过自动诊断修复功能来操作防爆控制系统，操作准确方便，这一功能是传统电网所不具备的。

强大的兼容性。智能电网调度自动化系统具有强大的兼容性，能够将电能供应、环保科学有机地结合起来。当客户用电负荷过高时，智能电网可以通过自动化系统进行合理的资源配置，从而减轻电网负荷过高的压力。智能电网通过调度自动化系统可以使多种能源发出的电能接入电网系统，特别是风能、太阳能等清洁可再生能源，对于节能减排环境保护具有重大意义。此外，智能电网调度自动化系统可以消除电网扰动的不利影响，大大提高电能的质量，有效保障电力系统的供电可靠性。

较好的交互性。智能电网调度自动化系统具有较好的交互性，可以对电网设计方面存在的不足和问题进行修复和完善。充分利用建立在用户端的接口，通过人机互动、人机联动和模拟等技术手段，使电能的供应和使用能够进行信息互换，从而更好地配置电力系统的资源，有力保障电力系统的供求平衡。

较强的集成功能。智能电网调度自动化系统具有较强的集成功能，可以将各个子系统进行良好地融合，使各系统间的信息和资源实现共享。并且，信息控制和系统优化等功能可以进行规范化处理，从而能够整体分析电网调度系统。

较优的资源配置功能。智能电网调度自动化系统具有优化资源配置功能，可以根据经济效益和设备运行情况对电网进行协调和优化。对输送线路输电状态进行科学分析，有效协调配置电网资源，一方面能够降低电网运行成本，另一方面可以实现社会效益与经济效益双提高，为电力企业可持续发展奠定坚实的基础。

三、智能电网调度自动化系统的构建要点

调度需求。构建智能电网调度自动化系统的根本目的是确保电网高效运行。在设计电网过程中，要把电力系统持续、稳定运行作为根本指标，使系统的各项功能都能够高效实现。要对负责调度工作的人员进行系统培训，建立健全监督评审制度，确保调度工作合法合规。要对相关设备进行实时监测，充分发挥调度系统评估计算功能，提前发现电网故障隐患，及时排除故障，有效保障电网正常运行。

技术要求。在智能电网调度自动化系统技术研究方面，一是要保证投入成本最小，二是要针对传统电网的薄弱环节改进业务结构，优化业务间连续性。研究设计用户使用界面要满足使用简单、操作便捷以及减少后期维护成本的要求；系统架构要有良好的拓展性，兼容性要强大，互操作能力要高，可以将软件模块接入系统进行升级，达到安全稳定运行的目标。

研究模式。从当前智能电网调度系统发展情况来看，研究模式主要有自主开发和由外到内两种。自主开发主要是面向处于运行状态的电网，相关运行环节要充分结合电力系统的特征，及时发现电网存在的故障，并按照规程进行改进和完善，使电网的整体性能更加优化。由外到内主要是运用研、商结合的研究模式，充分调动政府和电力企业的积极性，共同参与研究工作，进一步拓展研发创新性，确保研究设计的调度系统的可行性更强。

四、智能电网调度自动化技术发展前景

智能电网是实现电力工业科学发展的必由之路，智能电网调度自动化系统将广泛使用三维 GIS、高级配网等高新技术，使数据信息可以在各个区域之间进行传送。先进的调度自动化系统可以将复杂的数据在规定区域内进行整合，并且可以随时调取所需要的资料信息，形成一个完整的电网模型。建设信息构架，一方面可以为信息提供共享平台，另一方面可以避免出现海量信息筛选的难题，有利于及时有效取得第一手资料。智能电网可以通过调度自动化系统及时掌控用户需求电量情况，预判可能存在的风险，实现优化资源配置、应对突发情况、节约使用电能、提高经济效益等，对于电力企业树立良好的形象、承担相关的社会责任具有十分重要的意义。

第三节　智能电网调度自动化技术

智能电网掀起了电力工业界新一轮革命的浪潮，调度自动化系统作为电网运行控制的基础，在智能电网背景下将向智能化的方向发展。本文分析了智能电网对调度自动化的新要求，并探讨了智能电网调度自动化的关键技术，具有一定的指导意义。

近年来现代化科学技术快速发展，也推动了电力系统的自动化、智能化发展。为了更好地满足市场发展需求，智能电网调度自动化应积极融合自动化技术、智能化技术，实现优化、集成、自愈、兼容等功能。加大对智能电网调度自动化技术的研究，有利于充分发挥调度自动化技术的优势，提高智能电网运行的可靠性、安全性和稳定性。

一、智能电网调度自动化概述

智能电网调度自动化是指综合运用自动化技术、智能技术、传感测量技术和控制技术等，实现电网调度数据、测量、监控的自动化、数字化、集成化，利用网络信息资源共享，确保电网调度系统能够统一运行。与传统电网调度自动化相比，智能电网调度自动化系统将进一步拓展对电网全景信息（指完整的、正确的、具有精确时间断面的、标准化的电力流信息和业务流信息等）的获取能力，以坚强、可靠、通畅的实体电网架构和信息交互平台为基础，以服务生产全过程为需求，整合系统各种实时生产和运营信息，通过加强对电网业务流实时动态的分析、诊断和优化，为电网运行和管理人员提供更为全面、完整和精细的电网运营状态图，并给出相应的辅助决策支持，以及控制实施方案和应对预案，最大限度地实现更为精细、准确、及时、绩优的电网运行和管理。智能电网将进一步优化各级电网控制，构建结构扁平化、功能模块化、系统组态化的柔性体系架构，通过集中与分散相结合，灵活变换网络结构、智能重组系统架构、最佳配置系统效能、优化电网服务质量，实现与传统电网截然不同的电网构成理念和体系。由于智能电网自动化可及时获取完整的输电网信息，因此可极大地优化电网全寿命周期管理的技术体系，承载电网企业社会责任，确保电网实现最优技术经济比、最佳可持续发展、最大经济效益、最优环境保护，从而优化社会能源配置，提高能源综合投资及利用效益。

二、智能电网对调度自动化的新要求

构建统一技术支撑体系。为保证电网安全、稳定和高效地运行，调度中心存在众多的业务需求，这些需求的提出推动了各套独立系统的建设和运行，各项业务系统之间不可避免地存在数据和功能上的交叉，然而，因为缺乏整体规划，在架构灵活性和设计标准化两方面的缺陷，导致快速发展的应用系统间数据共享难、相互影响大、全局安全性和集成能力不足、缺乏可以共享的统一信息编码等诸多运维难题。调度智能化要求构建全网一体化、标准化的技术支撑平台，满足调度各专业横向协同和多级调度纵向贯通的需求。

加强规范化和标准化。标准化建设和运维是系统推广和互动的基础，但目前电网数据和模型都出现了不同的版本，单一数据源和独立模型不能单独满足调度整体业务需求，相互整合存在较高技术难度。调度智能化应用需要得到电网全景信息的支持，包括对数据采集的标准化整合、电网模型和信息编码体系的统一、多级调度主站和厂站的信息融合与业务流转等。

建立业务导向型功能规划。专业职能的划分，将本是相互融合的电网调度业务进行了人为的拆分，导致调度自动化系统业务导向不明确。应用系统由不同专业部门分批建设，缺乏整体规划和统一的基础技术支撑体系。有必要依托全网统一的技术支撑体系，规范各应用系统的接入方式和信息共享模式，实现信息在应用系统间灵活互动，以满足从调度计划、监视预警、校正控制到调度管理的全方位技术支持。

应对智能电网发展新需求。智能发电、输电、配电和用电，以及节能发电调度的推进对电网调度提出了严峻的挑战。配网侧双向潮流管理、电动汽车大规模应用等带来的电网负荷波动特性变化，调度部门负荷预报和实时调控的难度进一步加大。大容量新能源电源并网带来的电源输出不稳定性和不确定性，以及如何利用这些新的负荷点进行削峰填谷，都会给运行方式的安排和执行带来挑战。

三、智能电网调度自动化关键技术

数据服务技术。数据的采集分析处理在智能电网调度自动化系统中发挥着关键的所有作用，电网的所有调度决策都离不开准确的数据分析。智能电网调度自动化技术以 SOA 技术为基础开展数据服务，电网数据的展示及融合主要依靠标准接口及数据注册中心完成。此外，通过全周期的电网设备管理，能够有效地提升电网调度运行过程中数据的准确性，通过虚拟服务技术，屏蔽数据物理的有关信息，极大地方便了无差别访问工作。

应用服务技术。SOA 服务框架在智能电网中发挥了重要的作用，是实现电网调度自动化各运用间封装的重要手段。传统的电网调度系统中存在着许多重复的功能，利用 SOA 服务框架，则能够将这些应用封装起来，然后相互调动，且利用该服务框架可以灵活配置电网调度功能，进而满足电网调度功能的需求。在 SOA 体系之下，利用智能电网调度系统，能够将传统电网调度系统中的阻塞管理、故障分析等模块根据实际的调度需求划分出来，优化电网系统。

电网运行智能决策。近年来，电网建设过程中正在不断地推进电网调控运行一体化，通过建立一个调控一体化的智能运行系统，能够有效地保证大量的分布式能源及清洁能源顺利、稳定地接入电网，同时，保证电力能源远距离输送的安全性、稳定性。基于智能系统的智能应用，可以有效地提高电网运行智能决策水平。利用调控一体化电网运行智能系统总线平台，可以得到电网全景信息，全面分析电网一次设备及二次设备的日常运行状态，以此为基础，构建大电网运行状态下的专家系统，这对于电力调度决策的精益化以及电力系统运行风险的控制工作都有着关键的作用。

智能在线仿真平台。现阶段电网的规模逐渐变得更加复杂，电网运行的方式渐渐趋于多样化，为电网的在线调控及实时仿真分析工作带来了较大的难度，离线仿真结果的可参考性受到影响，不利于电网调度工作的开展。利用智能电网调度自动化技术，以分布式数据中心为基础，通过各种高科技技术手段，可以实现大电网智能在线仿真计算等功能，利用实时计划编制、在线模型校核等技术手段，有利于电力调度部门实现智能型调度。

打造低碳经济和建设智能电网，为电网的再次腾飞带来动力，同时也给调度自动化带来新的机遇和挑战。智能电网调度自动化应当充分利用先进的 IT 技术和智能化科技，以及最先进的通信技术，将自动化系统的数据在模型结构上统一，兼容，实现系统间的双向互动，既能分散运行，又能自由组合。在安全性，保密性的基础上实现数据在系统群中的自由定位，使得智能电网能实现信息交互、需求交互，使得社会效益最大化。

第四节　基于智能电网的电力系统自动化技术

电力系统是维护人民正常生产、生活和健康运行的重要基础。加强智能电网在电力系统自动化中的创新应用，进一步提高电力系统自动化的应用水平，具有十分重要的意义。在智能电网的支持下，电力系统的自动化实现了对电力系统设备的有效控制和管理，使电力系统的运行更加规范、有序，不仅降低了电力系统管理的难度，而且创造了一个安全、可靠的运行环境。表电力系统设备有效运行的运行环境，保证电力系统的安全稳定。电力系统运行的可靠性和安全性。

一、智能电网中电力系统自动化的现状及发展趋势

尽管电力系统的科技含量在逐步提高，但智能电网在电力系统的实际应用中仍受到诸多因素的干扰，不能最大限度地发挥其作用。智能电网在我国出现和应用的时间相对较短，其在电力系统自动化中的应用仍不尽如人意。智能电网与电力系统自动化之间缺乏资源共享，往往导致智能电网与系统的不匹配，制约了电力系统自动化的应用水平。智能电网在电力系统自动化中的应用理论知识储备相对丰富，但理论与实践尚未有效整合，大大降低了实际应用的效果。

目前，电力企业已充分认识到智能电网在电力系统自动化应用中的重要作用，并逐步加强对其应用的研究和探索。计算机技术和互联网技术的日益成熟，为智能电网在电力系统自动化中的应用提供了强有力的技术支持。智能电网在调度、配电网和变电站系统中的应用显示出强大的优势。目前，电力系统的构成主要是基于自动化控制技术、计算机技术和信息技术。电力系统日益复杂的组成和管理难度为智能电网的有效应用提供了广阔的应用空间。电力系统的发展规模正在逐步扩大，电力系统的自动化技术也在不断提高。功能将更加全面和多样化，为促进电力企业全面发展提供更好的服务。

二、智能电网中电力系统自动化技术

模糊控制技术。电力系统的电力生产是一个非常复杂和综合的过程，其中的变量和不确定性是高度模糊的。在此基础上，利用模糊控制技术可以有效地控制这些不准确的系统问题，使模糊控制技术控制下的电力系统能够像人类一样，对这些模糊信息进行分析和审计，并根据这些信息做出决策和判断。分析的结果，然后将其转换为准确的数据或信息。信息传递给管理者，为管理者调整经营参数、科学决策提供可靠依据。将模糊控制技术与神经网络技术相结合，实现了电力系统负荷的精确预测。首先，利用神经网络进行负荷预测。其次，利用模糊控制技术对预测结果进行校正，以保证负荷预测结果的准确性。

神经网络控制技术。神经网络控制技术是在智能电网基础上发展起来的一项新技术。它主要利用人脑的工作原理进行研究和实践。它比其他智能电网具有更好的信息处理能力、管

理能力和控制能力。它能实现电力系统自动化的柔性控制，具有非线性特性。电力系统管理依靠神经网络的状态估计方法，解决了单纯依靠数学建模的传统方法。神经网络状态估计方法可用于复杂非线性系统的建模。电力系统的突触强度可以通过已知的输入输出测量值进行训练，而电力系统的稳定性可以通过神经网络进行检测。该技术的非线性和并行处理能力降低了人工操作和控制管理的难度。其独特的神经网络能够实现对电力系统的实时监控，大大提高了电力系统运行的效率。

专家系统控制技术。专家智能控制系统在电力系统自动化中的应用，主要是为了有效地减少电力系统设备的运行问题。通过将电力行业的专家知识和推理方法相结合，建立相关的理论知识库和综合数据库，发现电力系统运行问题，得到专家知识和猜想。通过对数据的分析，可以准确掌握电力系统运行问题产生的原因，并制订相应的解决方案，避免运行问题恶化带来的严重后果。专家系统控制技术在电力系统规划、诊断、调度员培训、控制等方面有着广泛的应用。在调度员培训中，仿真培训专家系统模拟电网的故障诊断和处理，模拟各种故障信息的报警信号，锻炼调度员快速判断、识别和处理报警的能力。

线性最优控制技术。线性最优控制的最终目的是实现对整个电力系统的最优控制，保证电力系统在最优运行方式下运行，不仅保证电力生产的效率，而且使电力系统能够在安全、可靠的条件下运行。稳定的环境。线性最优控制作为最优励磁控制在电力系统中得到了广泛的应用。通过最优励磁控制与电力系统机组的协调应用，电力企业利用最优励磁控制的技术优势，对电力系统机组的运行特性进行分析，找出其控制规律，从而使电力系统机组的最优励磁控制与电力系统机组的协调运行成为可能。电力系统机组最终能达到预期的控制状态，并保证被控制设备的性能达到。优化状态可以进一步改善和改善电力系统的运行状况，提高输电线路在控制过程中的运行效率。线性最优控制在实践中取得了很大的进展，对提高制动电阻的灵敏度，实现制动时间的科学控制起到了重要作用。虽然线性最优控制在电力系统自动化中具有很强的优势，但在实际应用中也应注意为最大限度地利用线性最优控制技术提供一个满足其运行条件的环境。因此，电力企业在应用这项技术时，需要根据实际情况灵活选择。

智能电网是科学技术发展到一定阶段的产物，它促进了各行各业的发展，特别是在电力系统自动化应用方面，对保证整个电力系统的安全高效运行起着重要作用。电力系统是由许多不同的功能区域组成的，包括许多类型和数量的设备，很难实现对整个系统的有效控制。为适应社会经济高速发展的需要，电力系统需要实现传统生产管理模式的创新，智能电网与电力系统的完美融合，推动电力系统自动化实现质的飞跃在降低电力系统控制难度的基础上，实现生产效率。稳步提高，确保电力系统持续健康发展。

第五节　电力系统中的电力调度自动化与智能电网的发展

随着计算机网络技术的快速发展，我国电力系统中调度自动化系统应用先进的技术，有效地实现了运行系统的遥调、遥视、遥测、遥信、遥控等基本功能。同时，随着我国电力调度自动化系统逐渐成熟和配套系统逐渐完善，逐渐应用一体化技术实现对分布面积较大的电力调度系统的有效地调控，从很大程度上确保了电力调度自动化系统的安全运行。

面对目前电力系统已越来越无法满足社会对电力能源和供电可靠性日益增长的需求的问题，具备着自愈、清洁、经济等优点的智能电网成为电网发展的一个重要趋势。在过去的近一个世纪，电力系统已经发展成为集中发电和远距离输电的大型互联网络系统，由于能源、环境、经济和政治等多方面因素的驱动，未来的几十年内，全世界范围内都将展开一场深刻的电力系统变革，那就是智能电网。我国的智能电网是将先进的传感量测技术、信息通信技术、分析决策技术、自动控制技术和能源电力技术相结合，并于电网基础设施高度集成而形成的新型现代化电网。

一、电力调度自动化系统中存在的不足之处

随着经济与社会的发展，电力行业的工作方式以及人民的生活方式都已经发生了深刻的变化，这些变化与发展对电能计量提出了新的要求。

自动化的平台存在很大的差异。由于现阶段我国电力调度自动化系统中有很大的差异，使得系统平台之间无法实现统一。由于我们在进行电力调度时，是利用计算机进行有效的调度，若调度平台之间存在一定的不同，会造成电力调度出现一定程度的影响。同时，为了确保电力调度系统的稳定性和可靠性，需要在调度系统中应用risc结构。但该结构存在一些不足之处，即无法实现电力其他方面的调度，无法实现电力自动化系统全方位的调度。

电力调度自动化系统中对集中控制功能不完善。由于在电力调度操作中，为实现对电力调度的有效调度，需要确保电网模拟和系统中整个数据库保持相同，即需要提高电力调度系统的集中控制力度。然而，现阶段电力调度系统的各项基本功能是在各自独立的基础上完成的，若实现电力调度系统的完善性，还需要实现电力调度系统中数据信息库和电网模拟两者之间保持准确无误。因此，未来在电力调度自动化系统中需要完善集中控制功能。

电力调度系统中电网模拟的多变性。在现阶段，随着城镇变电站数量逐渐增多和变电站改扩建规模逐渐加大，需要更高要求的电力调度系统，并准确地对数据进行记录分析，确保电力调度系统的正常运行。但是在该过程中，由于环节较多，很容易出现错误，影响整个电力调度系统的正常运行。因此，需要加强对电力调度系统的研究，探索出电网模拟的多边形规律，从而有效地实现电力调度系统的稳定运行，完善电力调度控制系统。

二、一体化技术在电力调度自动化系统中应用重要性

对系统网损进行优化管理。在电力调度自动化系统中应用一体化技术，可以有效地实现网损管理中运行自动化和智能化建设，很大程度上提高系统运行的稳定性。同时，网损管理子系统的工作，既不会对电力调度自动化系统存在明显的影响，且可以对电力系统运行中的网损进行全面的检测，对检测出的问题可以及时采取有效地解决措施，最大限度地降低网损发生的概率。

负荷管理在电力调度自动化系统中，一体化技术需要根据供电电网的基本特点对电网的工作状态开展全面的监测，并根据监测分析结果对电力调度系统进行全方位的优化，保障电力调度系统的正常运行，有效减少电网运行中发生故障。此外，一体化技术，还可以实现对电网系统的运行负荷状态进行管理，实现电力调度自动化的高效性和准确性。

提高办公效率。在电力调度自动化系统中应用一体化技术，可以准确地实现调度信息子系统运行智能化和自动化，其可以完善电力调度信息管理系统，收集和分析电力调度信息的基本运行状态，并对电网运行中出现的问题，采取相应的解决措施，从而最大限度上提高电力调度自动化系统的工作效率，减少电力调度系统的失误。

三、一体化技术在电力调度自动化系统中的应用

平台的一体化。由于电力调度的工作基础是计算机平台，如果计算机操作系统不同，则会出现电力调度平台之间的差异。研究发现，由于计算机操作系统不同而导致的电力调度工作平台之间的差异，会阻碍电力调度信息之间的传输。因此，需要实现电力调度平台的一体化，利用中间耦合的方法作为信息传输的桥梁，从而解决计算机操作系统不同而带来电力调度平台之间差异，一定程度上降低了操作系统和硬件的差异性，并在一定程度上解决了电力调度自动化系统的平台一体化建设。

电力调度图模的一体化。随着我国电力网络规模逐渐扩大，需要加大对电力调度信息的管理，但是在电力调度模拟过程中，由于环节较多，很容易出现错误，影响整个电力调度系统的正常运行。因此，需要加强对电力调度系统的研究，探索出电网模拟的多边形规律，并建立一个常用的图库模型，实现电力调度系统的高效稳定运行。

电力调度自动化的功能一体化。为了促进电力调度系统的发展，需要实现对电力调度信息和图形进行资源共享，从而真正意义上是实现电力调度自动化系统的一体化。但是为了实现功能一体化，需要增设一些中间装置，例如，可以在电力系统中安装节点机，将其安装在电力网络中合理位置，作为电力调度系统中应用模块的基础，为促进电力调度自动化系统的一体化建设做出贡献。

电力控制集中性。在目前电力调度系统的各项基本功能是在各自独立的基础上完成的，为了实现电力调度系统的完善性，还需要实现电力调度系统中数据信息库和电网模拟两者之间保持准确无误。为了实现电力调度控制系统的集中性，需要对电网模拟系统和电力系统两者之间进行同步化。

在电力网络调度自动化系统中，需要加大对一体化技术的研究，提高一体化技术的可靠性、合理性。并逐渐应用一体化技术，减少在电力调度系统中人员和设备的投入量，给电力工作人员提供更多的电网检测和控制的精力。同时，在一体化技术中还需要加大对资源共享、接口问题、集中控制等方面的研究，以促进电力调度自动化系统的发展。电能质量监控和无功计量的应用，预付费、网上处理电费、接电和断电等电子商务模式在电力生活中的发展，使得传统感应式电能表和管理模式难以满足要求，一个高度智能化、信息化的智能电网的构建已成为电力改革的当务之急。而智能电能计量系统作为智能电网构建的重要组成部分，也将成为电能计量未来发展和改革的趋势。

第六节　智能配电网优化调度设计及关键技术

一、智能配电网优化调度的功能设计

分析配电网优势。从智能配电网的管理系统、信息系统、监控系统、网络运行系统以及智能配电网中设备的运行状态等方面对智能配电网的优势进行分析，只有对这些方面进行科学合理的研究，才能够对智能配电网的整体优势进行客观的评价。

主动完成调度与优化。主动对配电网进行调度与优化指的是基于智能配电网优化目标的基础上对智能配电网进行调度与优化。智能配电网的调度与优化主要通过以下 2 种形式进行：一种是对目前智能配电网的运行情况进行分析，根据智能配电网在运行过程中的薄弱环节制订相应的计划；另一种形式是通过对未来智能配电网的发展趋势进行预测，对当前的智能配电网调度以及优化制度进行完善。

被动完成调度与优化。被动完成调度与优化指的是在配电网运行的过程中，某一环节出现问题须优化时，被动激发出的优化调度制度。由于在智能配电网运行的过程中，不同时间段所对应的调度优化方案也不同，所以，相关人员在进行优化调度的过程中，应对智能配电网的运行时间、运行状态以及设备系统的负荷量等因素进行综合分析，制订出科学的调度方案，最终达到优化的目的。

配电网络的优化调度。在对智能配电网进行优化调度的过程中，首先应对智能配电网中的接线类型进行分析；其次，对智能配电网在不同负荷承载量以及不同负荷类型中存在的问题进行研究，并制订出相应的优化方案；最后，对制订出的优化方案进行科学的实施，如将优化方案中的目标分为几个阶段，其中包括长期目标、短期目标以及中长期目标等，一步步完成阶段性目标，进而实现对智能配电网的最终优化。

分布式电源优化与调度。在对分布式电源进行优化与调度的过程中，主要通过态势感知的方式对智能配电网中分布式电源的运行状态以及分布式电源发电模式进行预测。根据预测的结果制订出相应的优化策略。分布式电源优化的最终目标是将能源利用率最大化，并进一步降低分布式电源在运行过程中对智能配电网的影响程度，进而增加智能配电网在运行过程中的安全性以及高效性。

负荷优化与调度。智能配电网中的负荷类型主要包括可控负荷以及常规负荷类型，并且不同的负荷类型在不同时间段中的负荷量也不同。所以，在对智能配电网中的负荷进行优化过程中，应对负荷类型以及负荷量进行综合考虑，并建立相应的经济模型和在不同情况下负荷量对智能配电网的影响程度。在对以上这些因素进行综合分析之后，制订出科学有效的智能配电网负荷优化方案。

人工辅助与决策。由于智能配电网在运行过程中涉及的情况比较复杂，仅靠科学技术无法对智能配电网进行全面的完善，这时就需要通过人工辅助的力量，对智能配电网的实际运行环境以及用户的用电效果进行实地调查。并将最终的调查结果记录下来，与智能配电网系统的运行状态相结合，对智能配电网的优化策略提出相应的建议，帮助智能配电网中的运行人员做出科学的决策。

二、智能配电网优化调度的关键技术

优化目标构建技术。将配电网指标体系作为优化调度的基础，依据调度业务、可优化性分析，确定不同时间段优化的目标、手段，通过配电网的运行现状、网架状况等实际数据设定配电网优化的目标。具体而言，就是分析指标体系中的调度业务、可优化分析业务，形成具体的映射关系。将可优化性分析细化为指标类型分析、可计算特性分析、权重分析；将调度业务划分为调度关注业务指标分析、配电网时间尺度分析2部分，以此完成优化调度目标。优化调度的实际目标就是提高配电网运行的稳定性，进而提高输配电的质量以及经济效益，但在不同的阶段中，优化的实际权重存在一定的差异，短期、中长期、长期的经济性权重相对较大，而实时、超短期的可靠性性权重较大。

能量综合预测技术。配电网综合能量管理中，配电网运行态势、负荷预测、发电预测是基础，个体的新能源发电预测、负荷预测能够有效满足能量控制。但由于独立的能量体会产生一定的预测叠加，使数据存在误差，不能满足大中型配电网的能量管理，因此须修正单独的能量体，降低能量预测的误差。

通过电动汽车监控系统、负荷管理系统、用电信息系统、配电自动化系统等，将大量的信息、数据融合在一起，并进一步完成处理，抽取其中影响能量体的因子，以此实现综合能量预测。完成能量综合预测技术的修正以后，能够有效地提高预测的准确性，尤其是在超短期、短期的优化调度中，发挥着不可替代的作用。

网络优化调度技术。梳理配电模式是网络优化调度技术的关键，结合对配电网供电能力的实际分析，网络优化调度技术可以将其分为超短期、短期以及中长期等子目标，然后分别对各个子目标实时针对性的优化调度措施。对于超短期的优化调度来说，须重视开关的动作次数、电压质量以及调度、失电负荷等；优化调度短期的实际内容包括开关动作次数、最优电压质量和最低的日线损电量；中长期的优化调度，主要关注最少的开关次数、最优电压质量、用户最少用电量以及月度线损的最低电量。通过时间的划分，协调网络优化调度的内容、项目，进而实现整体智能配电网优化调度的目标。对于优化调度多样性、微电网、分布式负荷的网络动态，可以通过负荷曲线特征、发电曲线特征等数据，解耦多个时段，进而优化静态网络中多个断面的技术问题。

负荷优化调度技术。根据数据的历史信息，可以将符合优化调度的技术目标分为超短期预测、短期预测以及中长期预测，结合电价调节机制、负荷控制以及预测的实际结果，完成对负荷侧可调资源的预测工作。负荷优化调度技术根据负荷侧可调资源以及相关的预测机制，制订针对超短期预测、短期预测以及中长期预测的优化调度方案，即超短期的预测目标为最大限度地缩小操作范围；短期与中长的优化调度内容具有一致性，其目标就是降低峰谷差值与线路的最大负荷。

分布式电源优化技术。可再生能源是分布式电源优化的主要目标，要对整个配电区中的分布式储能、分布式电源进行能量管理以及优化控制。分布式电源优化技术包括实时修正、短期调度控制 2 种方式，结合实际情况制订不同的优化策略。目前，调度控制方式是通过负荷预测曲线、未来 24h 电源预测曲线制订调控策略的，在不同的时间段中，结合可调度的负荷量选择恰当的配电网运行场景，并制订具体的储能充放电技术。另外，实时修正方式需要结合储能状态、系统运行情况以及综合能量的超短期预测，对电源进行实时滚动修正。

"源网荷"互动协调。目前，智能配电网"源网荷"之间的互动性主要建立在空间方面，并且不同的空间制度互动方式、范围存在一定的差异。短时间内需要考虑整个供电区域内能量的平衡，考虑长时间下线路的能量传输、再生能源的消耗。在空间方面，主要涉及配电网平台的平衡、馈线之间的互供以及整个区域内部的协调机制，通过建立多样性负荷、不同拓扑结构、多类型的分布式电源，进而实现"源网荷"之间的互动，从根本上提高配电网的运行效率。

三、智能配电网优化调度的实际应用

自开发完成智能配电网优化调度以后，张家口市涿鹿县进行了试点应用，该区域中历史最大负荷为 740MW，10kV 馈线 126 条，110kV 变电站 3 座，220kV 变电站 1 座，总面积约 9km^2。智能配电网优化调度系统于 2014 年开始投入使用，考虑到城市居民对用电质量的需求，选择最优的优化调度措施，合理安排 106 项停电计划，进行 114 次有调整配电运行的方式，进而有效提高了日常的供电质量。在应用智能配电网优化调度系统以前，供电电压的合格率为 98.96%，综合线损率为 6.32%，峰谷差值率为 38.7%，而应用智能系统以后，电压的合格率为 99.98%，综合线损率为 4.41，峰谷差值为 23.76%。因此，智能配电网优化调度系统能够有效发挥自身价值，保障输配电的质量，降低供电的经济损失。

随着人们对智能配电网运行质量的要求不断提高，如何对智能配电网制订出科学合理的调度优化方案成了有关人员重点关注的问题。本文通过对智能配电网中的调度优化方案以及关键技术进行分析，提高了智能配电网的运行质量。由此可以看出，对智能配电网进行优化以及技术分析，能够为智能配电网今后的长期稳定发展奠定基础。

第七节　对智能电网系统及其信息自动化技术分析

社会的发展离不开科技的进步，同时我们处于信息时代，因此智能电网系统、信息自动化已成为电力系统发展的必然趋势。以智能电网系统为主题，兼顾信息自动化的要求，阐述智能电网系统的运行方式及其与信息自动化技术的联系，探讨信息自动化技术在智能电网系统中的应用，为相关从业人员提供借鉴。

信息时代的到来为人们带来了诸多机遇，现如今信息时代正处于高速发展中，因此它对相关产业的推动作用不言而喻，信息自动化技术正是其中一个代表性的技术。信息自动化是一门新兴技术，短时间内就在信息领域显示出了其重要地位，这正是由于它与人们的生产、生活、工作及学习等有着密不可分的联系，对电力系统运行更是影响巨大，因此研究、优化信息自动化技术并将其运用于是智能电网系统中是十分必要的。信息自动化技术有着诸多优点，这些优点都促使它成为新兴领域的佼佼者，但是社会的进步与发展促使信息自动化技术不仅局限于此，而是向着更高的要求先进。随着生活水平的提高，人们对与生活息息相关的各方面都做出了新的要求，这些要求也推动着智能电网系统的进步，智能这一概念正在逐步深入人心。将信息化与智能化相结合能够更好地满足人类需求，因此本文将对此展开讨论。

一、信息自动化技术在智能电网当中的应用

通信技术的应用。现如今人们的生活水平有所提升，对于电力的需求也在逐渐上升，人们与电能之间已经建立起了密不可分的联系，由此看见电力系统的发展势头正劲。现如今，应用通信技术已经成了电力系统发展的一个重要方向。通信技术是信息自动化技术不可或缺的一个组成部分，我国信息自动化技术的快速发展在某种意义上也促进了通信工程的进步，它的正常运行十分重要，不仅能为人们的生活提供便利，使人们更高效地进行学习、工作以及生活，还能节约国家电网的经济成本等。

实际上，通信技术在电力系统中的应用主要可以划分为两个方面：第一，实现电网系统自我检测。电力系统的组成较为复杂，一旦任何部分出现问题都会对整个系统的正常运行造成严重的不良影响，此时通信技术就显现出了其独有的优势。通信技术的使用不仅能使电力系统的通信保持顺畅，还能使潜在的故障被检测出来。除此之外，通信技术与自动化技术进行有效结合还能使电网系统更为智能，可对某些故障实施排除，大大降低了工作人员的工作难度；第二，提高电网系统防御能力。以往的电网系统对于各方面要求相对较为严格，周围环境的任何波动都可能造成电网不能正常运行。在引入通信技术后，这一问题得到了缓解，通信技术较为敏锐，能够察觉外界因素的波动并进行补偿，从而使电网系统受到的干扰减少，大大提高了电网系统抵御外界环境变化的能力。我们可以通过具体例子对通信技术的运行情况进行了解：电网线路是电网系统中较易受外界影响的一个方面，如果它的功率改变，则通

信技术能够自动检测出该异常情况并对功率进行补偿，从而实现自动化的功率补偿，自动、智能的分配电能，降低电网的抗干扰能力。

自动化设施设备在智能电网中的应用。智能电网伴随着光电技术以及信息自动化技术等相关技术的不断发展创新，基于嵌入式的微处理器自动化设施设备不仅可以有效实现电网能源传输阻塞、各区域用电情况实时监测与控制等，还能够满足数字信号以及电流、电压等数据的自动化采集和相互传输，从而提升智能电网的自动化运行、调度呈现更高效率。除此之外，自动化设施设备还能够实现自动化的电费计量，并通过上述的通信技术将电费计量传输到信息储存中心，并通过信息储存中心计算每家每户的实际电费，从而实现自动化集中管理。

自动化控制技术在智能电网中的应用。自动化控制技术是整个信息自动化技术当中的重点，同样也是智能电网实现自动化控制、电能调节的重要依据。借助自动化技术以及通信系统，能够在实现智能电网信息数据自动化检测，调节电网工作情况和控制电网的同时，还能够在第一时间发生系统故障的类型、位置并分析相应的解决措施，并判别解决措施是否能够通过非人为操作而实现，如果能，则自动进行处理，如果不能，则报警，通知操作人员进行维修。在自动化控制系统当中，一般情况所使用的方式都是专家决策法，系统借助对电网常规参数的比对进行，假设某个或者某系列参数发生异常时，自动化控制便会向控制设备发送相应的控制指令，从而实现自动化调节，实行自动调控。

二、信息自动化技术在智能电网中的发展趋势

信息自动化强化智能电网的设备监控。在智能电网设备工作状态的检测当中，基于标准化的电网模型以及实施工作情况的数据，能够对电网、电网设备以及变电站等当前的工作情况进行实时的检测、故障诊断以及风险评估和调控等。电力设备与电网在未来的发展趋势，必须是针对各类供电设备工作状态而进行优化，以及时记录设备工作状态、预测故障的发生以及预处理等为主要发展趋势。

在同一公共信息模型以及公共信息模型的基础之上，拓展供电设备的工作状态信息，并以子集构建信息提取、分析，从而为变电设备的工作状态信息收集、统一性管理以及访问处理等提供支持。

自动化变电控制系统。自动化变电控制系统主要以构建整个控制中心的单元智能化为基础，在通信网络的基础之上，组建一个两次甚至多次控制的自动化整体系统。其至少需要具备以下几项功能：

a. 各个保护、控制功能相对独立、完整，能够通过智能化手段进行独立控制；b. 控制系统的功能可靠并且完整，操作人员的可操作项目多，可操作性强，通过计算机集成所有的控制措施；c. 具备可以为智能电网提供及时监测数据并可靠传输的 SCADA 系统等功能。

伴随着微计算机、集成电路、通信以及信息网络等高科技技术的持续发展创新，微机监控装置以及维护保护在智能电网当中的应用必然会越发普及，传统的单项式自动化控制也会逐渐变为综合性的自动化控制。在每个单项控制项目中，其整体的结构体系在不变化的前提下，

功能、性能以及工作可靠性必然也能够不断提升。在目前的"变电站自动化控制系统"当中，必须是以信息交叉、信息挖掘为根本，将微机监控、微机保护等作为现代化通信技术、智能电网的一体化综合功能，从而使智能电网具备实时监测、预防故障等处理功能。

综上所述，想要促使智能电网系统的信息自动化技术得以长期、不断地发展，必须要强化相关技术的研发力度，实行标准化、统一化的运行、管理标准和制度，重视相关从业人员的技术培养，从而积极推动我国智能电网系统的信息自动化技术不断创新、改革、发展。

第八节　高压智能电器配电网自动化系统浅析

随着电力科技的飞速发展，高压智能电器在工业生产、日常生活等方面有了诸多应用。介绍了智能化电气与控制的意义，较为深入的分析了高压智能电器配电网络保护自动化系统的基本构成及相关原理，为高压智能电器配电网自动化系统建设提供了依据。

随着电力科技的飞速发展，高压智能电器在工业生产、日常生活等方面有了诸多应用。伴随着高压电器智能化，配电网的保护自动化受到了电力工程行业的高度重视，发展可谓日新月异。在微型电子技术、计算机技术、通信技术、机电一体化高压设备的促进下，配电网络保护自动化技术更是降低设备间的相互作用，保证供电连续性及可靠性的关键技术。

一、智能化电器与控制

现今，具有在线检测和自诊断功能的电器与开关柜大批涌现，而电气领域的智能控制旨在高层控制，也就是组织控制，即对实际过程或环境进行规划与决策。这些问题解答过程类似于人脑思维具有"智能性"，运用到了符号信息处理技术、启发式的程序设计技术以及与自动推理决策的技术。高压智能电器是配电自动化系统中是一个重要组成单元，动作要适应总体规划，通过多元结构解析与上级通信。因而，人们常这样理解智能电器：采用智能控制方式、依照外界特定的要求及信号便可自动实现电路的短通、电路参数的转变，从而达到对电路的检测、转化、维护等的电器类设备。

二、配电网自动化系统的基本构成

中心主站系统。中心主站系统管理配电调度各个子站系统，是整个配电自动化系统的核心，具备三大功能。（1）SCADA（数据采集与监视控制）功能：信息处理、配电事故顺序记录处理、配电事故追忆、配电事件处理、相关数据标识、各种表格打印、程序运行控制等；（2）DA（配电自动化）功能：自动故障诊断、对故障进行隔离、对故障线路进行重构等；（3）DMS（配电管理系统）功能：网络数据分析、潮流计算、对网络进行重组、负荷管理、电压与无功优化以及安全性与可靠性分析等。配电调度主站系统大多使用通用性极强的商用数据库、分布式的环境网络支撑软件、客户/服务器计算模拟技术，中间环节相关数据的交流与互换通过总线进行，提供开放式程序接口和数据库接口，能够和管理信息系统（MIS）、调度自动化系统连接，从而实现数据共享，同时能和地理信息系统进行结合，为配网设备管理开辟了新天地。

中间子站系统。中间子站系统即变电站子站系统，它的软件平台一般由实时与多任务操作系统组成，要求实时性良好、可靠性较高、能够远程维护以及便于扩展。子站系统完成最基本的数据采集与监视控制功能的同时，还需具备以下功能：故障检测、定位、隔离及系统恢复。配电网中监控设备域广地点多，把全部终端设备直接与主站连接很难实现，这就需要站端系统划分级层，在主站与设备之间要增设中间配电子站系统，借此管理线路上相关监控单元，从而实现数据集中的功能，完成任务的上传下达，最终达到故障就地隔离、定位以及恢复的功能。调度主站的配电管理系统（DMS）分析软件可以有效地避免负荷盲目转移。

终端装置系统。配电房终端装置系统要求具备以下特点：（1）遥测、遥信、遥控作用；（2）自检、校验作用；（3）能够模块化设计，且可以自由组合；（4）体积小、防尘、防潮、抗干扰、可靠性较高；（5）接口灵活，能支持各种通信模式；（6）界面操作直观，维护方便；（7）备用电源高温下具备稳定性。终端装置系统不仅要求对馈线终端设备（FTU）及一次设备实用、灵活、可靠，同时对配电房开关要求功耗低、可靠性高，通过光纤互感器检测出线路上的故障。备录波功能可以安全准确地反馈故障点，为配电系统建立数据源，同时也为检修人员提供数据材料，保证了检修率。

工业发展和城市建设离不开电力事业的强有力支持，社会发展对电力需求不断增长，进一步壮大高压智能电器配电网络，配电网络自动化系统结构日趋复杂，电压质量要求越来越高，电力管理系统商品化市场化程度越来越高，供电企业面临挑战，供电技术面临革新。我们必须认真的规划高压电器配电网络，不断提高配电系统自动化，不断完善配电网架结构，采用先进的技术建立高水平的配网自动化系统。

第四章　电力系统自动化与智能电网实践应用

第一节　电力系统配电网自动化的应用现状及展望

配电网的自动化发展，综合了现代化的通信技术、网络技术、电子技术、智能技术以及图形技术等，从而实现了对电力系统配电网日常运行的监测、控制和保护等环节的自动化、智能化等。本文结合实际案例，就电力系统配电网自动化的应用，及其未来发展进行了探讨，以供参考。

电力系统配电网的自动化应用，对于电力的分配与合理应用而言，具有重要意义。通过自动化技术的应用，能够有力提高电网供电效率、电力质量等，从而缓解电网压力，释放电网潜能，增强电网的服务能力。自动化帮助电网实现自我检查，提高电网安全性、稳定性，对于现代化社会来说具有重大意义。

一、电力系统配电网自动化的内涵和功能

配电网自动化的内涵。电力系统配电网的自动化，是将计算机网络技术和电子通信等技术加以综合性的应用。通过这些技术的应用对配电网的运行状态以及事故进行监护和保护等，主要是对配电网系统正常化运行的保障。以往在配电网的管理和故障维修过程中，需要投入大量的人力、财力、物力，并且在效率上也比较低。但是在自动化的配电网作用下，就能对故障进行自动监测，管理的效率也有着大幅度提升，这样对整体的电力系统发展有着促进意义。

配电网自动化模式方案。

（1）变电站主断路器与馈线短路器相配合自动化。也就是说将变电站的出线保护开关与馈线开关相结合，形成一个环形的电网模式，进而最大限度的提高配电网中对线路开关、通信开关的自动操作能力与遥控操作能力。

（2）自动重合器自动化。该方案是将两个电源相连的电网分为多个部分，并将重合器安装在每个部分的两侧，一旦发生电力故障，那两端的重合器就能被及时分断，进而隔离故障，减少故障扩散，同时降低因电力故障所导致的经济损害。每段事故均由自动重合分段器依据关合的故障时间进行判断，因此，在整个自动化重合器方案时间的设计上，都需要确保变电站内的断路器可以先行跳开，最后对站内的断路器进行重合，保证电源侧向负荷的侧送电。当故障点再次合上时，站内的断路器会再次跳开，同时位于故障点两侧的线路断路器也会将故障段的锁定断开，从而实现送电。

（3）馈线自动化方案。在该项自动化方案的实施中，主要采取的是就地控制与远程控制相结合的模式，也就是说将馈线上自动终端所采集的全部信息，在电力系统中通过特殊的通信渠道，向电网主站进行传输，而电网主站则对终端所收集的信息数据进行分门别类的分析、判断，一旦发生电力故障也好及时切断故障，保证电力系统中非电力故障段得以安全、稳定的可持续供电。

三、配电网自动化

（一）实现技术

面向对象的设计技术。配电网电力的输送网络包括变电站、馈线、开关或变压器、负荷分配等环节。配电网中的每个馈线都是一个变电站，从而成为一个管理节点，并由联系人管理节点。通常情况下，每个变电站的节点不能通信，因为只有节点属于相同的馈线才需要进行通信。然而，当网络重构时，当节点需要与网络中的节点进行通信时，就需要通知节点。在允许的接触节点进行通信时，不同变电站的节点可以与节点进行通信。网络管理节点是馈线的第一个子站。该技术是面向对象设计，有利于网络的不断扩展。

节点全网漫游技术。从理论上说，网络中的每个节点都有可能与网络中的其他节点进行通信。在自动分配系统中，每个节点对应于馈线的管理节点，以及与管理节点的通信。如果某一节点不能够与其管理节点进行通信，网络会自动校验节点，如果节点被发现为丢失状态，该系统将改变继电器，这时由管理节点搜索。当管理节点无法搜索节点时，会向网络中的联系人节点报告，即完成漫游请求。该漫游请求将被报告给变电站侧的通信管理节点，从而管理节点重新注册一个新的节点漫游。成功注册后会发送到配送中心，由配送中心通知相关的变电站，从而实现全网节点的漫游。

自动设置中继技术。在软件设计中，对于NDLC中继节点所设置的转发、接收信息功能等模块，可以将其作为一般结点，同时又能够实现信息的转发与接收。在设计的过程中，针对NDLC中继节点，可采用数字信号的方式，使信号通过网络实现无失真传输，由于信息传输频率偏低，因而不会给网上通信造成太大压力。若网络中任何一个节点能够实现通信，则网络中的节点就可以互相通信，运用自动中继技术解决通信距离的问题。

（二）配电网自动化发展应用前景

配电网系统保护。配电网系统保护工作是配电网自动化得以发展的基础性条件。现阶段，配电网主要是将地理信息系统看作是工作平台，而将通信看作是自动化的前提，以此实现配电网的有效控制以及相应的采集。现如今，我国的配电网中的多个设备基本上已经实现了一体化，一体化技术的融入，对配电网系统保护提出了更高的要求。

提高电能质量。现阶段，工作人员通常会选择应用高速数字信号处理器来提高电能质量。虽然提高电能质量的方法有很多种，该此种方法不仅具有灵活性，还具有非常好的稳定性，可以保证电能安全可靠的进行运输。

分布式电流接地保护。现阶段，此种保护方式已经得到了大规范应用，而且应用效果非常好，业界人士非常看好此种保护方式。小电流接地保护问题一直都困扰着工作人员，但是利用分布式电流接地保护方式，借助馈线远方终端就能够解决问题。另外，馈线远方终端的有效应用，还能够解决电流分布的问题，以此提高配电网的运行效率。如果应用的是小波分析技术或者是应用负序电流突变量，则分布式电流接地保护方式还能够提高对突变量的灵敏性。

四、该市城区配电网结构现状

该市市总体规划情况。某市配电网正处在高速发展时期，配电网设备数量同步大幅度增加，为了对该市配电网的供电及发展规模、电源规模、线路及开关设备规模、配电网网架结构及开关设备配置情况等方面进行改善，采取了电力系统配电网自动化的设计与应用。

配电网自动化方案设计。

配电自动化系统总体结构。由于该配电网的网络结构较为复杂，点多面广，因此对于设备、信息方面的组织，需要依据其实际情况，采用相应的组织结构，对配电自动化系统采用分层的处理模式，将其划分为三层结构：主站层、子站层与终端层。

第一层：配电主站层，对于 10kV 及以下的线路、设备与用户的日常配电运行，采取监控与配电运行管理措施。

第二层：配电子站层，采集并处理 10kV 馈线下的终端装置相关信息，并将该信息上送至主站系统；将来自主站层的控制与调度命令，下达给配电终端。

第三层：配电终端，其中设置的架空线 FTU 主要作用在于负责采集 10kV 线路、分段开关、联络开关等方面的数据信息，进行状态监测、控制以及故障的判断处理。

该模式非常适用于配电网络相对较大的电力系统，其配电线路通常可达到 50 条以上，这种情况下，配电信息相对集中，总体成本也较高。

通信方案。通信采用的是无源 EPON 通信方式，根据配电线路的具体走向，基本上采用"手拉手"的保护组网方式，其中还包含单链型。典型的"手拉手"结构为两点接入式，OLT1、OLT2 则分别安装于不同的 110kV/35kV 变电站中，ONU 设备则安装于箱变 / 电缆的分接箱处，在光缆发生中断，或 OLT 设备失效的状况下，能够实现有效的保护，由 ONU 设备将其选择接入不同的 OLT。

配网主站系统方案。从整体上实现配电网的监视与控制，并分析该配电网的实际运行状态，及时协调配电子网之间的关系，进而对整个配电网络的运行采取有效的管理措施，使整个配电系统能够处于最优的运行状态。对于远方配电设备（FTU）则需要采取及时准确的分析与判断，以便及时隔离故障，并提出正确有效的停电恢复对策，从而帮助调度员以准确确定故障所处的位置，尽可能恢复非故障区域的供电，将故障损失降至最低。配电主站系统结构采用的是双网分布式，以 Unix，Linux，Windows 等硬件平台的分布式结构作为基础，由 17 台服务器、工作站及配套设备共同构成，遵循 CIM 标准，建立统一的电网模型，最终实现调配 SCADA，FA，AM/FM/GIS 等多项应用功能。

对于当前我国电力系统配电网自动化的发展，要从多方面进行目标的制订，将自动化发展目标分阶段地实现。处在当前的发展阶段，加强对电力系统的配电网自动化发展，是时代发展的需求，也是未来的发展趋势。通过此次对电力系统配电网的自动化功能以及现状的分析，希望对这一理论有进一步的认识。

第二节　电力系统自动化与智能电网的应用

在全面建设小康社会的大背景下，我国的经济取得了飞速的发展，市场化建设不断成熟，城市化建设不断完善。这些进展都离不开电力网络的支持，我国的电力系统，也随着社会经济的进展同步发展和提高。在科学技术不断进步，互联网技术广泛使用的今天，智能电网这一概念也被提出，并成了电网系统建设的一个方向。本文主要论述了电力系统自动化与智能电网的相关问题。

随着城市化建设的不断完善，工业化进程的快速发展，这些都对我国的电力系统提出了更高的要求，既产生了巨大的电力消耗，也对供电的稳定性提出了一定的要求。随着自动化技术的飞速发展，将自动化技术本身的优越性，应用于电网系统的建设当中，结合当今比较成熟的互联网技术，提出了建设智能电网的概念。将电力系统自动化技术，应用于智能电网之中，既能有效减少人力成本的投入，也能良好的监控电力供应系统的稳定性，确保整个供电系统的高效稳定。

一、电力系统自动化的相关介绍

电力系统本身是一个复杂庞大的系统，他本身涉及多个组成部分，同时分布地域辽阔。它的功能是将自然界的一次能源通过发电动力装置转化成电能，再经输电、变电和配电将电能供应到各用户。而电力系统自动化是我们电力系统一直以来力求的发展方向。在智能电网建设的过程中，电力系统自动化主要设涉及电网的配电环节。通过将自动化技术与现在科技中的智能化技术做出有效的结合，通过电力系统自身，对电力系统运行状况做出实时监测，并报告相关数据和问题，根据系统自身的智能判断，最终做出有效的配电决策。

二、智能电网的相关介绍

智能电网的基础概念。智能电网就是电网的智能化，它是建立在集成的、高速双向通信网络的基础上，通过先进的传感和测量技术、先进的设备技术、先进的控制方法以及先进的决策支持系统技术的应用。智能电网的建设是为了使电网的使用更加高效稳定、安全经济。智能电网自身具有电力流、信息流和业务流高度融合的显著特点，同时与现有电网相比具有其自身的先进性和优越性，主要包括以下内容：第一、既能抵御干扰和攻击，也能适应不同能源的接入，如可再生能源；第二、结合信息技术、传感器技术和自动控制技术，并应用于电网基础设施之中，能够有效监控电网运行情况，可以及时的发现问题并预见故障，此外对于一些故障和问题，具有自我决策，自我恢复的能力；第三、通过运用通信、信息和现代管理技术等技术，使电网设备的使用效率提高，电脑损耗降低；第四、实现实时和非实时信息的高度集成、共享与利用，为运行管理展示全面、完整和精细的电网运营状态图，同时能够提供相应的辅助决策支持、控制实施方案和应对预案。智能电网的建设，主要有以下几个方面的价值：第一、它能提供一个坚强可靠的电力系统网络架构；第二、它能提高提高电网运行和输送效率，降低运营成本；第三、电网、电源和用户的信息透明共享；第四、网运行方式的灵活调整，友好兼容各类电源和用户的接入与退出。

智能电网的建设。在智能电网建设的过程中，将自动化系统应用于其中，这样的先进技术相结合使用，能够使电网输配技术，在一定程度上得到加强，使电网输配的过程更加的稳定高效。因而在智能电网建设的过程中，也需要遵循一定的建设原则，以确保能够顺利地对电力资源进行输配，主要需遵守以下几条：第一、确保通信系统畅通使用，为自动化技术的顺利使用提供基本保障；第二、对主电站的控制系统和管理系统，进行合理的配置，对输电所使用的网架强度进行明确的标准规定，使网架设备在使用的过程中安全可靠；第三、在进行建设过程中，应遵循统一调配的原则，整个电网建设涉及区域广泛，内容复杂，结合智能化与自动化技术的过程中，要有效解决其存在的问题，并对系统进行不断的优化与维护，以确保智能电网建设和使用安全稳定。

在智能电网进行建设的过程中，还应主动借鉴和学习发达国家先进的技术和经验，无论是自动化的技术，还是智能化的技术，我国都与发达国家存在一定的距离，因此，积极学习发达国家的先进技术经验，成功有效保障建设工作的顺利和质量。智能电网的概念，本身就是发达国家提出的，在建设的过程中，我们既要参考发达国家的优势，也应考虑自身的实际情况，对实际问题做出合理的应对。智能电网建设核心，便是为了满足日益提高的电能需求，因此，在建设的过程中，既要保证用户的不用电不受影响，也要不断提高自身的供电能力，同时保障供电系统供电的安全稳定。

三、电力系统自动化与智能电网

应用现状。在整个电力系统自动化建设的过程中，智能电网是其中的基础部分，也是重要组成过程。由于经验或是对于技术成熟使用的自身限制，在智能电网建设过程中，可能存在设计过程不严谨，或缺乏整体性设计的情况，由于存在这样的情况，就是得智能电网在实际的使用过程中，存在许多不同的问题。甚至在电网实际运行的过程中，不能将这些问题进行及时的解决，这时就会严重影响人们的正常生活、工作和学习。使电力系统的发展受到巨大的影响。

智能电网的建设是为了面对广大的用户，但在实际的建设和使用过程中，由于资源和条件的限制，仍存在智能电网分布不均匀衡的情况，城市化与工业化发展的速度和自身条件，都会对就用电网的健身产生相关影响，因为不同企业地区的差异性，智能电网的建设只能逐步推广，最终才能达成全面建设的目标。

应用分析。在电力系统自动化技术与智能电网不断建设推广的过程中。应发挥其自身优势，一方面保障用户的用电使用体验稳定高效；另一方面提高企业自身的供电能力、保障企业的供电质量，使企业的效益能够有效提供。以下主要分析几方面的应用：第一、在建设中推广和使用智能电网技术、自动化技术，能够有效提高电能的使用效率，减少电路输送过程中电能的损耗问题，通过相关技术的使用，电能的运输质量能够得到有效提高，电网的运行状况稳定性也会加强，智能电网在使用时，能够主动收集相关数据，对异常情况进行监控和调度，在没有人为干预时，也能有效保证电网运输的稳定性，同时调整自身的供电参数保障供电效率；第二、智能电网以及自动化技术的参与，既能使整个供电过程减少人为干预，同时由于大数据及智能化背后的支持，对于电网出现波动和异常情况，能够做出有效的反馈，自身记录并上报系统，既减少了供电过程中出现的安全和稳定问题，也减少了人力成本的投入；第三、智能电网与自动化技术，能够有效减少管理投入。智能电网不仅能够有效避免电路波动，确保电路的稳定性。同时，其收集的自身运行状况的数据，既能够为电路供应提供良好的保障，也能监控整个电力系统的实时状况，并对异常设备做出及时的记录，并向控制中心发出警告，进行人工维修或替换。

社会经济的飞速发展，离不开电力的稳定供应。电力企业自身的发展，离不开自身电力系统的建设，电力系统进行自动化建设，同时应用智能电网技术，电力系统通过进行自动化，结合智能电网的智能化监控运行，不仅能够保证电力供应的稳定，安全和高效，还能够减少企业相关的成本投入，促进企业自身的良性发展。

第三节　电网计量自动化系统的建设与应用

随着我国电网规模的不断扩大，用户的数量也逐渐增多，在传统的通信技术下，由于各系统之间数据的独立，导致信息不能实现共享。伴随软件技术和通信技术的不断推陈出新，使得电网自动化系统的建设逐渐变成现实，实现电网的自动化、智能化，是大数据时代下的基本要求。电网计量自动化系统的应用，为电力市场的不断拓展做出了巨大贡献。本文就针对电网计量自动化系统的建设与应用进行了探讨和研究。

按照统一的电网计量自动化系统建设原则，东莞供电局对现有的配电计量子系统、负荷管理子系统等进行了系统性的整合。各类自动化管理的终端都进行统一设计，对数据的管理遵循统一搜集、统一储存和统一分析的方法，进而建立电网计量自动化系统。该系统具有十分强大的功能，其在信息采集、在线监控等领域的应用大幅提升了企业管理决策的准确性和及时性，促进了企业的长远发展。

一、电网计量自动化系统的建设

（一）系统总体设计

电网计量自动化系统的建设，是一项专业要求较高的工作，该系统的主要功能是对厂站、配网等方面的业务进行统一监测，并实时收集有关电能传输及使用的数据。其数据量之广，几乎涵盖从营销系统到档案资料的各类数据信息，计量自动化系统采集的原始数据可通过CDMA/GPRS等网络获取，每天采集的数据量大多以 TB 为单位进行存储，每次采集间隔的时间大约为 15 分钟。为了确保系统的整体性能，杜绝系统在运行过程中出现服务中止现象，在对其总体结构进行设计时，一般采用 J2EE 技术。

1. 硬件系统的设计

计量自动化系统的硬件结构主要由 DS4800 磁盘阵列和 2 台 IBM P6 550 主服务器组成，为了确保系统运行的稳定性，数据库系统和操作系统都利用比较成熟的平台。数据库系统主要采用的是 Sybase15.0 数据库，操作系统大多采用的是 IBMAIX 系统，分布式应用软件是系统平台的支撑环境。该系统的业务平台主要采用的是三层体系结构，WEB 服务器中只包含 1 台服务器，前置服务器由 2 台负控采集、3 台终端采集、2 台变电站采集和 1 台配变终端采集组成，系统网络通过交换机形成千兆的以太网，这就保证了计量自动化系统的稳定速度，进而达到运行要求。

2. 数据库软件的选择

对于电网计量自动化系统来说，数据信息的实时性非常重要，只有确保信息的实时性，才能对采集的数据进行精确的后期处理。在选择数据库软件的时候，应遵循负载均衡的设计原则，采用 2 台具有对外服务功能的 Sybase15.0 数据库进行搭建。

（二）计量自动化系统的组成

计量自动化系统主要可分为三个部分、四个系统，其中，三个部分指的是通信信道、计量自动化终端和主站，四个系统指的是大客户负荷管理系统、电能计量遥测系统、集抄系统和配变计量监测系统。自动化系统的总体结构，综合了现代化技术的各项功能，包括电子信息技术功能、计算机功能和多媒体网络通信功能等，这就解决了传统系统在远程抄表方面遇到的问题。在发电、供电、配电的整个过程中，电网计量自动化系统的应用，基本上实现了变电站对用户的数据监测和采集的作用。以下是对计量自动化系统三个组成部分的具体介绍：

1. 通信信道

通信信道是电网计量自动化系统的重要组成部分，比较常见的通信信道主要包括 GPRS、调度数据网、电话拨号等。通过这些通信信道，可以实现主站和终端之间数据信息的交互。

2. 计量自动化终端

计量自动化终端的类型多种多样，根据其应用场所的不同，主要可将其分为负荷管理终端、电能采集终端、配电监测终端和低压集抄终端等基本类型。电网的计量自动化终端，主要功能是对所有计量点的信息管理、传输和执行。

3. 主站

主站是计量自动化系统的核心部分，它主要由通信设备和计算机系统构成，利用通信信道，例如，GPRS、调度数据网等，可对所需信息进行采集、分析。通信网络设备主要包括接口服务器、数据库服务器、交换机、防火墙等，计算机系统则主要由系统软件、应用软件、平台软件等构成。

（三）计量自动化系统性能要求

1. 安全性

安全建设是电网计量自动化系统建设的重要环节，基于系统的开放性特点，在进行安全设计的时候必须做到全方位、多层次，充分实现数据库、应用系统以及各终端的安全目标，对于各类机密数据信息，应确保不被非法用户窃取。

2. 可扩展性

计量自动化系统的可扩展性功能主要体现在以下几个方面：第一是数据库的扩展性，由于数据量呈现出不断增加的趋势，因此，数据库必须具备一定的扩展功能，这样才能为系统运行过程中数据量的扩展做准备；第二是硬件资源的扩展性，也就是说系统的各种硬件设备必须在容量、处理能力方面具备相应的扩展能力；第三是应用功能的扩展，应确保系统能在不改变原有架构的条件下实现应用功能的扩充。

二、电网计量自动化系统的应用

（一）在客户服务工作领域的应用

近几年，伴随电力科技的迅猛发展，我国各地区的电网结构都得到进一步完善，但仍有部分地区存在局部网架结构不合理的问题，这对电力设备的正常运行造成了一定程度的影响，导致电力设备运行效率大幅下降，电力供求之间的矛盾日益突出。在电网计量自动化系统应用之后，能够满足较大的电力需求，并对用电信息进行实时监控，使工作效率得到有效提升。同时，运用电量自动化系统能够实现供电管理系统和终端之间的相互连接，对限电用户的相关信息进行实时记录，进而确保供电的可靠性。

（二）计量管理和用电检查的应用

电网计量自动化系统在计量管理和用电检查方面的应用，发挥着重要作用。在计量管理方面，计量自动化系统主要用于对故障的处理，首先分析采集的历史数据，找出导致故障的原因，为故障的解决提供相应的现实依据，进而降低用户和供电企业之间出现矛盾的概率，确保企业的经济效益。在用电检查方面，计量自动化系统的应用，能有效查处违规用电的行为，从而保障我国国有资产的安全。同时，该系统还能通过远程在线监测系统对一些专项用电进行监察，及时发现用电过程中的不合法、不合规问题，这样既能避免工作人员赶到现场而浪费不必要的时间和金钱，起到节约成本的作用；同时还能对重点监察地段进行准确定位，避免工作的盲目性，进而促进工作质量的提升。

（三）电能监控和负荷控制的应用

自 2004 年起，东莞市的年供电量已经超过 100 亿千瓦时。2012 年，东莞电网基本实现了三个超越：第一，客户数量超过 100 万户，高达 105 万户；第二，供电量超过 200 亿千瓦时，高达 203.6 千瓦时；第三，最高日负荷超过 400 万千瓦，高达 402 千瓦。而且，供电量和最高日负荷在 2012 年之后，依然保持上升的趋势。由于较高的供电量和负荷，电网在运行过程中出现故障的概率也会增大，而电量自动化系统在电能监控和负荷控制方面的应用，能全方位监控电量的变化，并采集相关的数据信息。通过远程控制的技术方法，系统能自动下发限电控制命令到控制终端，从而达到降低用电负荷的目的，维护电网的健康有序运行。

总而言之，电网计量自动化系统的建设是一项专业性、系统性的工作。在建设过程中，必须对系统的总体结构进行科学设计，包括硬件设计和数据库软件的选择等。同时，还应考虑到系统的性能要求，保证系统的安全性和可扩展性。只有建立一个科学实用的电网计量自动化系统，才能确保其实际应用效果，进而促进电网企业的可持续发展。

第四节 智能电网对低碳电力系统的支撑作用

智能电网是数字自动化电网中非常重要的一种形式，在实际运行的过程中，可以对不同的电网用户端以及电网的运行状态进行全面的控制。文章针对智能电网的优势和特点，对智能电网在低碳电力系统的支撑作用进行了分析，希望对我国电力行业的发展起到一定的帮助。

电能不管是在人们的日常生活，还是在行业发展的过程中，都起到了非常重要的作用和意义。我国电力发电的过程中，主要是以煤炭资源作为发电的依托。但是，在煤炭资源燃烧的过程中，会产生大量的二氧化碳，对空气的环境和质量造成严重的影响。因此，在这样的情况下，电力行业要充分利用先进节能技术，对电力发电的过程进行全面的控制，然而低碳电力系统的出现正好解决了这一问题，从而避免对空气环境造成大量的污染。所以在智低碳电力系统运行的过程中，要充分结合智能电网技术，将其优势和作用进行充分的发挥，提升该系统的运行性能。那么在保证低碳电力系统稳定的运行，智能电网是重要的支撑力量，本文就针对其支撑的作用展开以下概述。

一、智能电网解析

智能电网的优势。智能电网在电力发电的过程中，起到了非常重要的作用，尤其是在低碳电力系统运行中，可以有效降低能源的大量消耗，避免对空气环境造成严重的影响。那么智能电网在应用的过程中，其具有的优势可以从以下六个方面体现：（1）智能电网有效地实现用户与电网之间的互动形式，将电力服务模式有效地进行优化，从而有效提升用户的用电质量和性能；（2）智能电网的应用对能源结构的使用进行了有效的优化，可以使能源与能源之间产生互补的效果，从而在最大限度上保证了电力发电的稳定性，为用户提供了稳定的用电性能；（3）智能电网的应用有利于清洁型能源的开发和利用，有效地减少二氧化碳等污染气体的大量排放，从而实现了低碳经济的效益；（4）智能电网作为重要的电网技术，有效地提升能源的利用效率，保障了电力传输和用电的稳定、安全等性能；（5）在智能电网不断发展和应用的过程中，也有效地推动了相关行业以及技术的不断发展和创新，这样对我国电网行业的发展是非常有利的；（6）智能电网在低碳电力应用和发展的过程中，最为重要的一点就是有效地实现了用户与电网之前的联系，形成了双向互动的模式，从而对传统的电力服务模式进行了全面的转化，提升了电力服务的水平和质量，针对用户的用电效率的提升，起到了非常重要的作用和意义。

智能电网的特点。（1）智能电网中主要以电网协调、电力储蓄、智能调度、电力自动化的技术等方面，作为重要的应用基础。并且在运行的过程中，通过良好的控制性能，可以使电流运行过程更加的灵活，提升电力系统良好的经济效益；（2）在智能电网系统应用的过程中，通过利用信息、传感器、自动控制技术等形式，加强了电力系统和电力用户端的融合，以此实现了节能电网的功能。同时在智能电网系统应用的过程中，对电力系统运行的状态，可以进行全面的了解和监控，对其发生的故障可以在第一时间上报，并且将其故障进行隔离，这样在一定程度上有效地实现了自我修复和运行的功能，避免发生大面积的电力故障；（3）传统的电力发电的服务模式主要是由单项的服务模式展开的，这样在电力系统运行的过程中，就会带来一定程度上的弊端。但是，智能电网在低碳电力系统应用的过程中，通过利用相应信息技术，将单项服务模式逐渐的转向双向服务模式，这样对用户想要了解用电量、电价详情、电力质量的时候，提供了相对便利的条件，这对我国电力系统的发展，起到了非常重要的作用；（4）传统的发电模式运行的过程中，主要是利用煤炭的形式进行发电工作，这样就会产生大量的能源消耗，对环境也会造成严重的影响。因此智能电网在低碳电力系统应用的过程中，主要是对清洁能源进行了全面的开发和利用，例如太阳能、光能、风能等一些可以再生清洁能源，这样可以有效地避免大量能源的消耗，避免对其环境造成严重的影响，也有效地满足了我国低碳、环保型社会的发展要求；（5）智能电网在低碳电力系统应用的过程中，对其能源使用的结构进行全面的完善，同时多项能源可以一起进行发电工作，这样各项能源不仅仅起到了互补的优势，也在最大限度上保证了能源在发电和传输时候的稳定、安全的性能。另外，由于智能电网在我国电网中得到了广泛的应用，对电力存能以及电力自动化等一些电网技术进行了全面的转变整合，这样在电网运行的过程中，对其运行形式进行了有效的控制，避免大量能源的损耗。同时，智能电网在低碳电力系统应用的过程中，可以有效地使用多个分布式电源和微电网的形式，这样在对其设备控制的时候，其性能会有着很大程度上的提升，充分展现了智能电网在低碳电力系统中的优势，也为我国电力系统的发展提供了重要的技术支持。

二、智能电网对低碳电力系统的支撑作用分析

节能电源。太阳能、风能属于可再生能源，也叫作清洁型能源，也是我国电力系统发展的过程中，重要的应用能源。在传统发电的过程中，主要是通过煤炭能源的形式进行发电，

这样就对空气环境造成大量的污染。然而，在智能电网在低碳电力系统应用的过程中，主要是利用可以再生的清洁型能源，从而有效地减少了煤炭的排放，避免对空气环境造成大量污染，也实现了低碳电力系统运行的形式。同时，智能电网在低碳电力系统应用的过程中，主要是利用电网调度、协调、控制、节能等技术形式，从而对清洁型能源进行有效的应用，这样不仅仅有效地提升了低碳发电系统的经济效益，也充分展现了智能电网在低碳电力系统中应用的优势。

提升电力系统运行效率。智能电网在低碳电力系统应用的过程中，主要是利用先进的电网技术，加强对电网运行的控制，对其故障进行快速的解决和隔离，这样不仅有效地提升低碳电力系统运行的效率，也有效地避免发生大量能源消耗。同时，智能电网在低碳电力系统应用的过程中，通过利用电力调度技术，对低碳电力系统中的各个方面，进行全面的优化。同时，根据智能电网所监测的供电运输信息，可以全面地了解对清洁型电力能源的使用情况。并且针对用户用电的情况，对低碳电力系统用电的情况进行全面的控制，从而在最大限度上满足人们日常用电的需求，提升了可以再生清洁能源的利用，避免大量能源的损耗。

用户端节能。用户端节能是智能电网在低碳电力系统应用过程中重要的应用形式，主要是利用降压节点和电压控制等方面的技术形式，有效地实现用户端节能的效果。同时，在应用的过程中，利用用电信息反馈等技术形式，这样可以对低碳电力系统进行有效的优化，通过用户日常的实际用量，对用户端的电力运输进行全面调度和控制，这样用户端不仅起到了节能效果，也充分地展现了智能电网在低碳电力系统的支撑作用。

降低电力运行成本。在低碳电力系统运行和建设的过程中，需要的成本和资金是非常高的。因此，智能电网在低碳电力系统应用的过程中，对其成本也进行了有效的优化，避免发生成本浪费的现象。同时，在成本优化的过程中，有效地实现清洁生产、降低能源发生大量的损耗等现象。并且智能电网在低碳电力系统应用的过程中，满足了对资金成本的需求，通过减少电能的损耗，加强能源的利用，这样可以将省下来的资金投放到其他开发项目中，这样不仅充分展现了智能电网在低碳电力系统中的节能效果，也有效地提升了我国电网系统的经济效益。

提升电网的服务水平。智能电网在低碳电力系统应用的过程中，对其电网也进行了有效的优化，尤其是电网的服务水平。其实在应用的过程中，主要是利用用户与电网之间的有效连接以及良好的互动形式，这样对电网的营销业务也有着很大程度上的提升。同时，智能电网在低碳电力系统应用的过程中，对其服务平台也进行了全面的构建，这样不仅提升了电网的服务水平，也有效地提升了用户的用电效率。

从电力行业发展的角度来说，智能电网不仅仅是低碳电力系统运行中强有力的支撑，也为我国电力系统发展带来了良好的发展平台。本文针对智能电网的优势和特点，对低碳电力系统中支撑作用进行了简要的分析和阐述，并且通过简要的论述和分析，可以知道智能电网在低碳电力系统中的应用，可以有效地实现对节能电能的利用，避免大量能源的消耗，提升了我国空气环境的质量，也在最大限度上保证了用户的用电质量和稳定等性能，更进一步提升了我国电力系统的经济效益。

第五节 电力系统电气工程自动化的智能化运用

智能技术在电力系统中电气工程自动化上的应用，改变了电气自动化系统的控制与管理方式，提高了系统的工作效率，通过对智能技术在电气自动化中的实际应用设计理念进行分析，探究了电气自动化技术中智能技术的实际应用情况，最后分析了智能技术在电气自动化中运用的发展方向。

智能技术作为当前计算机技术发展的重要内容，在电力工程系统中自动化也得到了广泛的应用，在很大程度上促进电力自动化的发展，提升了电气工程化的水平。但是，由于智能技术的发展还不够成熟，电力系统中的电气工程自动化的智能水平还存在一系列的问题，只有深入的分析这些问题，才能有效地促进电力系统工程自动化的发展。

一、电气自动化智能控制系统在电力工程中的设计理念

电力自动化智能控制技术主要功能是研究智能技术在电力自动控制系统中的应用，包括电气电子技术、电力自动化系统的数据与信息的收集等工作，智能化技术在电力自动化系统中的应用，能够有效地安排电力系统的人力资源，提供系统的工作效率，降低电力系统的危险情况的发生。

集中监控式设计理念的应用。智能技术在电力自动化系统中的应用，改变电力自动化系统的工作方式，集中监控式的设计，就是智能技术能够集中的对系统设备进行控制，在电气工程中的应用集中式控制技术，使得电力自动化系统的运行维护方便，操作也比较简单，而且智能技术对电力控制的要求不高，集中式设计与控制比较方便。集中式监控技术主要是利用一个处理器将系统电力自动化系统中的各项数据集中起来进行处理，因此，在集中式监控系统设计中，需要选择高效的处理器，保证电力自动化系统能够稳定的工作。采用集中式监控设计理念，可以有效地对电力系统中监控对象的增多，电缆数量的增加，提高电力自动化系统主机的工作效率具有十分重要的作用。

智能化远程监控式设计理念的应用。智能化远程监控式设计的功能是采用智能技术有效地对电力自动化系统进行自动化的管理，这样，可以有效地提高电力自动化系统的数据处理效率，减少电力自动化系统的材料投入，可以有效地降低设备费用，使得电力自动化系统的状态灵活，性能可靠，数据处理更加方便。采用智能化远程监控式设计可以有效地提高电力自动化系统的工作效率，有效处理因通信量增大数据处理繁杂的问题，有效地处理电力自动化系统中的数据安全问题。也有效地实现了电力自动化系统中机械问题的智能化操作与管理，使得电力自动化变得更加安全与稳定。

人工智能技术在电力自动化系统的应用。采用人工智能技术能够实时的对电力自动化系统中的问题进行分析，利用智能专家系统可以及时地对电力自动化系统中出现的问题进行分

析与处理，能够实时地对电力自动化系统运行的数据进行管理与采集，通过模拟真实的电流与系统的运行情况，自动生成电力自动化系统的电力使用趋势图，通过人工智能对电力自动化系统的参数进行在线设置与修改，模拟电力自动化系统数值及数据开关，对电力系统的运行进行自动化的监控。同样地，采用人工智能技术能够有效地实现对电力系统运行自动化管理与控制，自动化的生成电力系统运行的工作日志、运行曲线，电力电量的报表、数据的存储等功能。

二、智能技术在电力自动化系统的应用

智能技术在电力自动化中的应用，改变了电力系统的工作方式，提高了系统的工作效率，也转变了电力自动化系统的工作方式，实现了电力自动化的智能化管理。

智能化神经网络系统在电力自动化系统中的运用。神经网络是智能化技术的重要技术，在电力自动化系统控制中具有良好的应用前景，神经网络能够对电力自动化系统中的定子电流改变电气动力参数、转子速率辨别参数进行控制，它与自动控制技术相融合，形成电力系统的智能控制系统，"非线性"控制是智能化神经网络系统的重要特征，是有类似人类的神经元组成，它具有良好的信息处理能力，同时还具有自动的管理能力、组织学习能力，在电力自动化系统中的广泛应用，能够快速的诊断电力系统中出现的问题，对电力控制系统具有良好的传动效果，实时的对电力系统进行控制与管理。

电气工程自动化中智能控制技术的综合运用。在电力电气自动化系统中，专家体系控制技术是常用的方式之一，能够自动的对电力系统中的问题进行分析，自动化处理与修复电力电气固化的问题，减少电力系统故障发生的情况，并及时地对电力电气化系统出现的严重故障进行报告，帮助电气自动化系统的维修人员能够及早地解决问题。通过智能专家系统，还能够及时地对电力通信系统中因为信号延迟而带来的电力系统故障的问题，提高电气系统的稳定性。线性最优控制技术在电气自动化中的应用是十分广泛的，能够有效地提高电气自动化系统的信号传输问题，解决电气系统中因为信号传输距离而减少弱化的问题。采用最优励磁控制技术可以代替传统的励磁技术，改善电气系统中的电能质量的问题，提高了电气系统的自动化速度，有效地降低了电力系统运行时存在的风险。

电气自动化系统中模糊控制技术的运用。模糊控制技术是通过建立模糊模型来分析电气系统在运行过程中的管理方式，进行实现对电力系统的自动化控制技术，模糊技术在家用电器中得到了广泛的应用，它简单方便，能够快速地对电气系统出现的问题进行控制与管理。在电力系统中，通过模糊逻辑控制技术，能够快速地对电气系统中的问题进行数学建模，分析电气系统出现故障的位置及故障的类型，模糊技术与神经网络技术的结合，能够智能化的对电气系统中的发电机故障进行测试诊断，通过模糊计算与处理，快速地对电机故障进行定位处理，为故障的解决提供帮助与指导。

三、智能技术在电气自动化应用中的前景

提升了电气系统的性能稳定性。智能技术在电气自动化中的运用，能够提高电气自动化系统的运行效率，提高电气自动化系统运行的速度、提高系统的运行效率，能够精准地对电气自动化系统中出现的问题进行分析，提高了电气系统的工作性能。

功能性的应用前景。在电气系统中运用智能化的处理技术，可以将自动化处理技术、图形化、可视化技术、多媒体技术综合地运用到电气系统中，在用户界面能够智能化地显示出来，提高用户使用的便捷性，能够有效地实现电气系统的智能化、综合化的处理方式。

促进电气系统结构的发展。智能化控制技术在电气自动化中的应用，促进了电力电气自动化系统向集成化、模块化、网络化、智能化的方向发展，使得电气自动化系统能够智能化地对电力运行中出现的问题进行分析，实现电气系统的联网集中工作，这样就方便用户对电力电气系统进行管理与操作，实现电气系统地界面化的管理方式，提高了电气系统结构的转变，同时也提高了电气系统的稳定性。

智能化控制技术在电力电气化系统中的应用，促进了电气自动化系统的发展，改变了电气自动化系统的控制与管理方式，提高了系统的工作效率。但在电气自动化系统中运行智能化技术，要结合实际情况，综合的考虑智能化技术运用的效率，逐步推进电气自动化技术中智能技术的应用。

第六节　电力系统智能装置自动化测试系统的设计应用

电力系统进入了智能变电技术全面发展的时期，而各项智能变电站关键技术研究的不断深入，新建智能变电站的规模和电压等级都再创新高，对智能变电站系统的测试技术研究需求也更为迫切。从目前电力系统自动化检测技术和测试手段来看，对智能变电站系统级的网络性能、稳定性及可靠性等测试项目涉及较少，还没有形成一定测试方法和标准，因此需要不断研究探索更有效、更先进、更全面的智能变电站系统测试技术和测试方法，才能满足智能变电站技术发展及国家电网公司"十三五"电网智能化规划中建设坚强智能电网的要求。

随着电子计算机技术的不断进步，变电站中继电保护电子化趋势越发明显。传统的人工继电保护方式不仅占用过多的劳动力，同时还存在效率低下，故障率较高的缺点。电子信息技术的发展为继电保护装置带来了新的设计思路，因此也需要新的自动测试系统设计进行辅助。

一、智能变电站系统测试特点

系统的通信网络性能测试地位凸显。智能变电站作为建设统一坚强智能电网的重要组成部分，将变革传统变电站一、二次设备的运行方式，每套一次设备的保护和测控装置均需运行于网络，二次设备所需的电流、电压和控制信号，以及保护和测控装置在运行中产生的所有数据，又都以统一的通信规约与网络进行交换，形成了一个不可分割的整体，整个系统架

构中的信号传输全部采用数字方式。例如，在过程层采用以太网的智能变电站中，GOOSE网络实际上相当于传统变电站中保护测控装置的跳合闸回路，网络出现问题相当于保护失灵，此时如果发生电力系统故障，就会出现保护动作但跳闸报文无法传输，从而导致断路器无法及时跳开，造成相当于拒动的严重后果；如果网络出现异常、误发动作报文，有可能造成误动出口的问题，所以通信网络的建设质量和性能决定了智能变电站运行的可靠性。与传统变电站相比，智能变电站中的通信网络在结构、功能、性能和重要性等方面都存在差异。

通信规约及信息建模标准化测试。IEC 61850 标准的应用就是使变电站系统网络化和数字化的过程。这一过程使智能变电站赋予了新的工作内涵，也对智能变电站系统测试工作提出了全新的要求和规范，即不仅需要根据 IEC 61850 标准测试和验证系统中的硬件、软件，还需对系统中使用设备的配置文件、系统数据和信息模型文件进行测试和验证。

二、变电站继电保护装置测试系统的评价

人工测试系统。变电站的继电保护人工测试系统主要是根据对继电保护装置不同功能的测试数据的综合统计，给出保护装置的最终测试结果。每一项性能的具体数据有人工手动测量和录入分析。其测试过程包括：输入国电保护电流的模拟量，连接跳闸口和测试仪，手动测试，连线测试和结果分析输出等，最后，根据测出的结果计算误差并计入测试报告。整个过程全程需要人工实现。但是在实际的操作中，往往出现由于测试工人没有根据保护功能调整测试方案、测试技术不合格等问题，再加上配合中也存在一定的人工误差，导致测试结果与实际数据存在差距。

自动测试系统。由于当前国家电网一直在实行供电智能化改革，因此，变电站作为输变电工程的主要工程点，参与智能化、自动化技术改革势在必行。而且国家电网对于传统的ICE61850 保护装置有过技术规约的要求，当前我国大多数继电保护自动测试系统都是基于上述规约进行研发的，以方便电网内部的网络的假设和信息的调取以及传输。

此外，由于技术革新后的电网连接已经由电缆升级成光缆，因此，传统的人工检测系统难以满足测试技术要求。这就需要建立符合技术标准的智能化继电保护自动测试系统。智能化自动测试系统自带解析软件，能充分提取并解析出保护装置生成的 ICD 文件（能力描述文件），测量出定值、压板、保护行为等具体动作，再结合数据库中的已生成脚本进行对比，得出测试结果和分析报告。自动测试系统不仅是检测装置，同时还带有一定的预警功能。

三、测控智能装置在电力系统自动化中的发展应用

综合看来，在电力系统自动化发展中，该测控智力装置搭配计量芯片，并采纳了带有高性能表征的新式单片机，具体运用方面，对于精准数值电流、电能关联的若干参数及对应的电压率，计量必备芯片都可以进行精准测控，单片机范畴的配件保护，拟定通信性能，且包含人机接口，由双层级架构中的互感器，对三相电压信号、配套电流信号快速予以降幅，从而使其满足系统运行的需求；拟定好的体系保护精度、测控精度有着一定的差异性，从而通过对处理模块，使得可以变更成许可的电流电压，促进了对系统运行方面的完善。

对于传统架构中的测控疑难，借助智能测控途径进行了有效化解，从而使其带有自动化范畴的多重优势，符合系统未来发展的趋向。除此之外，该装置运用中，开关量配有的多重路径端口，形成了对反相器的有效衔接，对体系内的继电器进行了直接管控。此外，在分配整合成模拟量的必备通道方面，其通过布设了六种特有的引脚来完成，从而将它们设定成模拟量关联的输入路径，结合这一方式，搭配为串行架构中的这类引脚，测控智能装置体系供应了某一接口来完成，经由成套接口，单片机实现了对寄存器的便捷访问，借助此操作方式，即可实现对体系频率参数、电能必备参数，及带有精准特性的功率数值的准确获取，为完善测控智能装置于电力系统自动化发展中的运用奠定了基础。

伴随着智能用电行业的快速发展和智能用电产品的快速更新，智能用电采集自动化测试系统在对产品质量把控和提高测试效率方面必将发挥自己的独特作用。由于市场对产品的交付周期不断加快和对产品成本的不断压缩，这样一款可以快速实现自动化测试的测试系统对于缩短整个项目周期、节省测试成本有着直接的效应，这也就决定了它必将是测试市场和业界所需要的。

第五章　智能配电网保护导论

第一节　智能配电网应用差动保护技术相关问题

　　差动保护技术应用于智能配电网，存在配电网拓扑变化频繁导致相关参数配置维护工作量大和配电网多等通信方式。馈线中既有断路器又有负荷开关混合组网的适应性的问题。对上述问题进行了分析研究，提出了相应的解决方案，分别提出了拓扑变化自适应，多种通信方式下的全网数据同步和对时、断路器负荷开关混合组网的故障处理。基于提出的解决方案，研制了应用于智能配电网的差动保护设备样机，在基于 RTDS 的仿真测试环境和示范工程应用中验证了提出的相应问题解决方案的可行性。

　　为解决日益严重的环境问题，分布式发电和智能电网相关技术近几年发展迅速。为提高风力发电、太阳能发电等各种分布式电源的接入消纳能力，传统配电网向智能配电网、主动配电网方向发展。传统配电网过流保护配置单一、逐级配合过流参数整定困难，存在无法实现故障精确定位的问题。

　　线路电流差动保护具有原理简单、使用电气量少、保护范围明确且无须逐级整定配合的特点，并且具有动作速度快、可靠性高的特性，能够适应多端电源线路故障的精确定位。因此，线路电流差动保护应用于配电网，特别是 10kV 中压城市配电网，是解决配电网过流保护问题的一个较好的技术途径。文献提出了配电网集中式差动保护系统，把被保护的区域看作广义节点形成差动保护区间，可实现配电网故障区域快速选择及切除。文献把差动保护方案配置为集中式线路差动与就地式母线差动保护，实现电缆线路主动配网保护，通过集中式保护装置和 DTU 分别实现线路差动保护和母线差动保护。文献提出了基于广义节点的配电网集中式差动保护模型和保护配置方法，以解决分布式电源接入和出现部分环网情况下配电网的保护问题。文献根据有源配电网具有多电源、多分段、多分支和功率双向流动等特征，提出一种基于正序故障分量的电流差动保护方法，对差动保护动作判据进行了设计。文献对基于差动保护的配电网闭环运行方式进行了研究，提出了具有三层结构 (主站系统、集中式保护控制和配电智能终端) 的集中式差动保护控制概念和系统架构。

　　综上所述，为解决各种分布式电源接入带来的双向潮流和传统配电网过流保护存在的问题，已有一些专家学者对差动保护应用于配电网的相关技术进行了研究，但针对差动保护技术应用于配电网存在的网络拓扑自适应问题、线路中断路器和负荷开关混合组网的适应性问题以及多种通信方式情况下的数据同步和对时问题鲜见相关文献报道。本文首先介绍了差动保护的技术原理及应用于配电网需要解决的相关问题，然后对相关问题分布进行了分析研究，提出了相应的解决方案，最后通过差动保护设备样机研制过程介绍和示范工程应用情况分析，验证了本文提出的差动保护应用于配电网相关问题解决方案的可行性。

一、配电网应用差动保护相关问题

差动保护是通过计算被保护设备两端配置的 CT 电流矢量差，当达到设定的动作值时启动动作元件。保护范围是配置了两端CT之间的设备(线路、发电机、电动机和变压器等电气设备)。

差动保护基本原理。电流差动保护是一种建立在基尔霍夫电流定律基础上的保护方式，在进行故障判别时只需要线路两端的电流量。因此，电流差动保护不存在与引入电压有关的问题，不受系统振荡和系统非全相运行等因素的影响和制约。而且，电流差动保护具有原理简单、计算量小等优点能够很好地满足继电保护的快速性、灵敏度和可靠性等要求。差动保护把被保护的电气设备看成一个节点，正常时流进被保护设备的电流和流出的电流相等，电流矢量和等于零。当设备内出现故障时，流进被保护设备的电流和流出的电流不相等，电流矢量和大于零。当被保护设备流进流出电流矢量和大于设定值时，差动保护发出指令，将被保护设备的各侧断路器跳开，使被保护设备从电网中隔离。

差动保护应用于配电网存在的问题。差动保护原理简单、使用电气量少，但是传统线路差动保护在投产时均固定为两端或多端差动，线路结构变化时需要工程人员对相关的各侧保护从硬件、软件及定值等各方面进行调整，涉及的现场配置调整、调试的工作量比较大，检修调试时间比较长。线路差动保护应用于配电网中，由于配电网设备点多面广、拓扑结构复杂多变和通信方式多样等特点存在以下几个问题。

配电网拓扑结构变化的适应性。相对于主网，配电网设备和网络拓扑结构随着用户的接入和配电网建设改造，面临的变动更加频繁，若按传统电流差动保护方式设计，应用差动保护并完成现场调整调试工作量巨大，带来的经常长时间停电维护与配电网高可靠性要求冲突，这样在实际工程应用中存在应用推广困难等问题。考虑到配电网拓扑结构容易变化的特点，采用相应技术手段，使线路差动保护拓扑相关参数配置能够自动适应配电网拓扑结构变化，以减少拓扑结构变化后差动保护设备现场维护调试的工作量，有利于工程应用的推广。

断路器负荷开关混合组网的适应性。配电网的线路类型可以分为：架空线路、电缆线路和架空线与电缆混合线路。线路中的开关可以分为断路器和负荷开关两类。

配电网中线路主干线上的开关可以分为三种情况：第一种是开关全部是断路器；第二种是开关全部是负荷开关；第三种是既有断路器又有负荷开关。线路中的开关既有断路器又有负荷开关，这种断路器与负荷开关混合组网的线路最多，纯断路器和纯负荷开关的线路较少。线路差动保护应用于配电网，既要考虑架空线和电缆线路的适应性问题，又需要考虑线路中的开关全部是断路器、全部是负荷开关还是由断路器和负荷开关混合组成的适应问题。

多种通信方式的适应性。配电自动化系统与保护设备采用的通信方式多样、通信设备工作环境恶劣和通信系统可靠性低。配电自动化系统与保护设备的通信方式可以分为三大类：光纤、无线专网和无线公网。其中，光纤通信主要包括：EPON、GPEN、SDH、MSTP、ASON 和 PTN 等。

线路电流差动保护应用于配电网需要考虑适应配网的各种通信方式现状，研究多种通信方式下的数据同步和对时技术，研究开发基于光纤和无线通信的差动保护技术，实现配电网基于线路差动保护技术的最小范围故障定位、隔离和快速恢复供电。

二、智能配电网应用差动保护相关问题解决方案

电流差动保护应用于配电网，能够解决配电网过流保护级差配置困难、无法适应大量分布式电源接入后引起的双向潮流问题，但是需要研究解决面临的配电网拓扑变化自适应、配网线路中断路器与负荷开关混合组网适应性、配电网多种通信方式下的全网数据同步和对时等问题。

配电网拓扑变化自适应。由于配电网改造频繁，配电网馈线中开关之间的拓扑连接关系经常发生变化，开关之间拓扑连接关系变化后对线路差动保护会产生影响，差动保护设备需要根据变化后的拓扑连接关系修改调整相关配置参数。如果每次拓扑变化后在现场手工修改调试受影响的差动保护设备相关配置参数，由于配电网设备数量众多且安装位置分散，拓扑连接关系变化频繁，会导致保护设备拓扑相关参数配置维护工作量大，进而影响差动保护设备在配电网中的应用推广。因此需要研究拓扑变化后，能够根据一定的规则生成影响保护设备拓扑相关配置参数，并能够远程更新到相应保护设备中，以实现保护设备对配电网拓扑变化的自适应，减少或避免保护设备拓扑相关配置参数现场维护的工作量。

配电网拓扑变化自适应利用配电自动化系统主站的模型变化检测和模型转换技术，生成模型变化后保护设备的拓扑相关配置文件，通过与保护设备通信把配置文件更新到设备，实现保护设备对配电网拓扑变化的自适应。电流差动保护配电网拓扑自适应技术实现步骤如下：

步骤 1：配电自动化系统主站中检测配电网模型中开关拓扑连接关系的变化；

步骤 2：若检测到开关连接拓扑关系变化，根据保护设备与开关的对应关系确定受影响的保护设备；

步骤 3：根据变化后的开关连接关系、保护设备与开关的对应关系生成受影响的保护设备拓扑相关配置文件；

步骤 4：步骤 3 生成的拓扑相关配置文件更新到相应的保护设备。

配电网线路中的开关按应用类型可以划分为出线开关、分段开关和联络开关三大类，忽略开关之间的负荷、馈线段等设备，开关之间的拓扑连接关系是一种树形供电关系，即出线开关作为树根，从出线开关开始逐层向下一层开关供电，断路器与负荷开关混合组网的适应性。配电网线路中的开关一般既有断路器，又有负荷开关，差动保护应用于配电网需要适应配电断路器与负荷开关混合组网的这种开关拓扑结构。

　　断路器与负荷开关混合组网时，基于差动保护的故障处理方案为：负荷开关之间发生短路故障后，负荷开关上安装的保护设备线路差动保护功能启动，因负荷开关不能切断故障电流，通过负荷开关上安装的保护设备与相邻开关上的保护设备进行通信，先跳开负荷开关最近的电源侧断路器以隔离故障，断路器跳闸成功后再跳开负荷开关，负荷开关跳闸成功后再合上跳开的断路器。即通过"负荷开关之间发生短路故障→负荷开关上安装的保护设备的差动保护功能启动→负荷开关最近的电源侧断路器跳闸→负荷开关跳闸→跳开的断路器合闸"这样的处理流程和开关动作序列来达到最终故障周围负荷开关跳闸以最小范围隔离故障的目的。

　　多种通信方式下的全网数据同步和对时。线路差动保护应用于配电网中需要适应配电网具有多种通信方式的现状，需要针对不同的通信方式研究全网数据同步和对时技术。无论是采用有线通信还是无线通信方式，当传输出现不大于 200ms 数据延时和不大于 $100\mu s$ 的同步误差时，保护设备应能正常工作。设备差动保护功能完善，且支持基于时间信息 (TOD) 和秒脉冲的数据同步方法。当采用无线通信时，保护设备接入的每一个间隔使用的带宽应不大于 64kbps。以太网无源光网络 (EPON) 广泛应用于配电网，借助现有的 EPON 通信网络实现线路差动保护经济可行，具有广阔的应用空间。文献分析了 EPON 传输延时及抖动产生的机理，提出了差动保护抗延时抖动算法。IEEE 15888 对时具有对时精度高且共用 EPON 的特点，适合于配电网环境下的差动保护之间的采样同步。基于 GPS 的高精度网络对时技术，采用 NTP 和 PTP 的对时协议实现网络的高精度对时也有一些相关研究应用。相邻保护设备之间需要进行时钟同步，以保证各设备内时钟的一致性。IEEE 1588 采用时间分布机制和时间调度概念，客户机可以使用普通振荡器，通过软件调度与主控机的主时钟保持同步，过程简单可靠，节约大量时钟电缆。目前常用的有 GPS(全球定位系统) 和 IRIG-B(国际通用时间格式码) 两种对时方法，IRIG-B 每秒发送一个帧脉冲和 10MHz 基准时钟，实现主控机/客户机的时钟同步。数据同步方法有基于秒脉冲的数据同步方法和基于时间信息的数据同步方法。

三、样机研制与示范应用

　　根据本文对差动保护应用于配电网相关问题提出的解决方案，研制了差动保护功能样机和差动保护拓扑自适应模块，实现了配电网差动保护拓扑自适应、配电网多种通信方式下的数据同步和对时、断路器和负荷开关混着组网情况下的故障定位处理等功能。通过基于 RTDS 的仿真环境中测试和实际的示范工程现场验证测试，验证了本文提出的解决方案的可行性。

　　根据示范工程实际网络架构设计的测试环境使用的网络接线情况为：由 110 kV 主山站的 F36 瑞龙线和 110 kV 樟村站的 F5 埕头 I 线两条线路组成，线路中有 5 个配电房。其中，瑞龙路 2 号为联络开关站，其 601 开关为联络开关。差动保护拓扑自适应模块程序的主要功能为：监测主站系统中网络拓扑变化，网络拓扑变化后根据开关站与保护设备的对应关系生成保护设备拓扑相关配置文件，拓扑相关配置文件下发给保护设备。

　　考虑到配电网的实际情况和配电网设备点多面广、拓扑结构复杂容易变化等特点，分析研究了电流差动保护应用于配电网需要解决的问题，给出了问题的解决方案，通过样机研制和示范工程应用，验证了本文提出的差动保护应用于配电网相关问题解决方案的可行性。

第二节 智能配电网的保护与控制措施

随着我国电网建设的不断发展，对于智能配电网的保护与控制就变得尤为重要，除了目前智能配电网继电保护方式应用过程之外，还需要结合多种保护方式与控制手段，来维护智能电网的稳定性，以此实现配电网运行质量的提升与发展。

智能配电网的发展可以说是相当之快，已经实现了自动化、智能化的保护应用技术，而且智能配电网的智能化也为目前的分布式电源接入技术以及其他能够电网运行技术的应用提供了更多的可能性。但与此同时也需要正视目前智能配电网发展过程之中的问题，比如保护技术存在漏洞，运行存在着一定的不稳定性等，所以需要进一步实现对于智能配电网的保护与控制，以此促进智能配电网的综合发展。

一、加强继电保护技术的应用

在智能配电网的建设过程之中，继电保护技术一直作为智能配电网保护的核心技术而进行应用，所以想要从根本上实现对于智能配电网的保护与控制，就需要继续强化继电保护技术，实现继电保护技术的稳定性。无论使用哪种技术都需要去进一步明确机电保护技术的职能保护逻辑结构，才能够有针对性地进行技术的应用与优化，从结构上进行分析，主要可以将智能配电网划分成三层，第一层需要进行数据采集，形成相应的时间标记才能够向变电站的中间层进行传递，然后就是中间层站域保护，最后才是区域电网保护层。只有从根本上明确区域智能的保护逻辑结构，才能够更好地针对继电保护技术进行有效的优化。

因为目前的继电保护是在本地和就近量构成的基础之上所形成的，具有一定的有限性，因为只能够去进一步体局部区域的运行状态，其中缺少了很多的配合。配合不仅仅包括继电保护装置内部的配合，时间与定值，同样也包括继电保护与安全自动装置之间的配合，所以在这两个方面上，继电保护技术需要进一步实现优化。

目前传统的几点保护技术之中主要包括了两大技术：一种是广域保护技术，这种技术是基于现有的保护控制系统与继电装置之间的不互动性以及不足的情况下所采取的系统手段，能够提供广域的信息，从而利用通信技术以及信号的处理技术等，作为广域保护技术的物质手段。国际大电会对于广域保护的功能也做出了定义，是实现常规保护的同时去稳定系统，比如说小信号稳定，暂态稳定、电磁稳定、电压稳定，并且能够将常规保护范围与自动控制、手动操作的动作范围有机结合起来。

另一种就是保护系统的重构技术，这种更加强调机电保护技术的自我侦查能力，能够对于整个智能电网所出现的问题及时进行重构，识别出来所损坏的元件，调整功能以及数值的设定，以此去替代元件，给予机电保护功能一个回复的时间，这能够为智能配电网的综合建设奠定相应的基础，保护系统的重构技术同时也是智能电网技术应用的重要体现。

二、优化智能配电网的体系架构

在智能配电网自身的体系架构上也需要进行相应的优化，增强结构的完整性，抵御相应的故障以及恶意攻击。提升电网资源的合理配置与高效利用，从而最大限度上实现智能配电网的有效发展。在优化智能配电网的体系架构过程之中，最具有优势的就是信息智能化结构构建，无论是分析攻击源、还是将相关的信息发送到主站，都需要相应的信息分析处理系统，即自动化、智能化的设计方案。

在这一方面智能配电网的自愈控制技术在运用的过程之中就较好地利用了这一特点。自愈控制技术能够首先明确故障位置、故障问题，然后立刻进行故障方面以及故障信息的报告，能够快速实现职能配电网模型的构建，从而达到实现故障解决与问题愈合的保护效果。其中所包含的模型构建包括关键部件模型构建、智能元件的模型构建、电子装置的模型构建等，通过计算与分析，能够有效为智能配电网的正常运行起到保驾护航的重要作用。

三、增强智能配电网硬件设施质量

除了技术的提升以及智能配电网体系架构的优化以外，也需要针对相应的硬件设施进行质量的优化与提升，因为一切技术的升级与应用都是以相应的硬件设施及设备为载体，比如说在整个智能配电网的保护与控制过程之中就需要使用到电子式互感器、断路器、继电器、保护装置等多种硬件设施，来实现对于智能配电网的保护。提升智能配电网硬件设施的质量，能够有效地节约对于智能配电网保护与控制的相应成本，实现了硬件的提升也能够为技术的优化奠定相应的基础。

以智能配电网中的电子传感器为例，目前的电子传感器能够获得相应的信息应用在供电配电等多个环节，电网公司可以增强硬件智联，使用新型的电子传感器，实现智能设备与电子传感的有机结合，能够对于智能电网的运行状态有时效性的监督作用，促进了继电保护系统的有效提升，实现数据的合理传送，能够帮助智能电网继电保护技术的进一步应用，为智能配电网的保护与控制工作奠定硬件基础。

在目前智能配电网的保护与控制过程之中，还有很大的发展空间，可以从硬件优化与技术系统的提升这两个方面进行着手，通过加强继电保护技术的应用、优化智能配电网的体系架构、增强智能配电网硬件设施质量等多种手段，来促进智能配电网保护手段的落实，增强供电的稳定性，推动电网建设的综合发展。

第三节　智能配电网保护控制系统的设计

主动配电网是智能配电网发展的高级技术阶段，是具备组合控制各种分布式电源、储能、可控负荷以及具备需求侧响应能力的配电网络。该文对主动配电网的构成进行了简要介绍，探讨了主动配电网自身的特点及其对保护控制系统的要求，在此基础上提出了面向主动配电网的控制保护系统的整体架构，并对主动配电网保护控制中的关键技术即运行控制技术、并网点与配电网相结合的保护技术以及直流配电网保护技术进行了阐述。

从哲学层面、经济学层面、技术层面出发，谋求能源高效利用和可持续发展的能源互联网已成为能源领域的主导发展方向之一。能源互联网是以互联网理念构建的新型信息能源融合"广域网"，它以电网为"主干网"，以分布式电网为"局域网"，以开放对等的信息能源一体化架构真正实现能源的双向按需传输和动态平衡使用。事实上不难发现，这一发展思路与未来智能配电网的构想是不谋而合的。当前尽管世界上不同国家针对本国的能源和电网现状制订了不同的智能电网发展目标，但智能配电系统是几乎所有国家发展智能电网的重点所在。

电力需求的持续增长、传统能源的短缺以及电力市场的开放催生了分布式发电技术的快速发展。但是，基于可再生能源的分布式发电技术面临着电源单机接入成本高，功率输出具有随机性和波动性等问题。将可再生能源、储能单元以及本地负荷有机融合形成微电网接入配电网，是发挥分布式发电系统效能的最有效方式。与此同时，我们也需要注意到，受大容量储能和控制方式可行性的限制，当前微电网理论研究与工程实践往往集中于并网容量有限的400V低压配电网。因此，配电网必须从微电网和规模化分布式电源集中式并入中压配电网两方面双管齐下，最大限度地提升电网消纳可再生能源的能力。结合配电网需求侧响应和智能用电技术的发展，可以预见，智能配电网的发展路线必然是将一个集中、单向、生产者控制的配电网，转变成更加分布、更多消费者互动的主动配电网。

主动配电网是智能配电网发展的高级技术阶段，是具备组合控制各种分布式能源（分布式电源、储能、可控负荷、需求侧响应）能力的配电网络，旨在加大配电网对可再生能源的接纳能力，提升配电网资产的利用率以及提高用户用电质量和供电可靠性。分布式发电已在世界范围内得到广泛认同。因此分布式发电接入电网所面临的制度化束缚与技术瓶颈将必然被突破。国家电网公司已宣布容量小于6MW的分布式发电系统将无障碍接入10kV配电网。可见，发展主动配电网的政策条件和技术背景正在日益完善。

本文对主动配电网的构成与特征进行了介绍，并提出了面向主动配电网的保护控制系统设计方案，并对相关保护控制技术进行了具体介绍。

一、主动配电网的构成与特征

未来的主动配电网络将包含大量自治运行区域，中压网可以划分为多个独立运行单元控制区域(Cell)，低压网将形成大量由分布式电源和负荷构成的微电网。这些自治区域可以采取不同运行拓扑（辐射状、环状等），不同供电方式（常规交流、多端柔性直流）。自治区域将具备独立运行能力，紧急情况下又能相互支持。主动配电网具有以下重要特征。

具有多源属性的主动配电网络：大量分布式电源和储能系统在配电系统的接入，使得配电系统出现了类似传统输电系统的多源供电、双向潮流等特性。分布式电源的间歇性特性和负荷的需求侧响应等产生的动态不可测潮流会显著增加；电压电流波动及线路、变压器等设

87

备越限可能性也会增加。同时，分布式电源接入对配电网拓扑、故障电流水平的影响都使得主动配电网络的保护原理及措施需要重新审视和考虑。

现有被动网络管理模式将被主动网络管理模式所替代：现有配电网只能采取就地消纳和局部控制相结合的方式被动接纳分布式电源。这不但影响了分布式电源的渗透率，造成可再生能源开发困难，同时由于相关设备效能未能充分发挥，大大增加了配电网投资运行成本。因此对配电系统进行主动控制和网络管理是主动配电网的核心内容，由此带来的对于配电网保护的适应性及新型保护系统设计问题是必须要解决的问题。

控制手段将更加多样化与精细化：分布式电源接入及电力电子设备的使用极大提高了配电系统的可控性。自动故障定位、自动供电恢复、自动保护整定、自动电压控制、网络再组合等技术的应用将使得配电系统的自愈能力显著改善。但实现多样化、精细化、概率化和预测性的配电系统运行控制、网络重构和保护再整定技术则需要进行更深入的配电系统分析工作。

信息交互能力将明显加强：先进的通信网络将使得配电网具备强大的双向信息交互能力；但这种信息感知与交互也将显著增加海量数据信息处理的难度，这就对发展分布式协同控制技术提供了机遇与挑战。

源 - 网 - 荷的互动方式更加复杂化：为提高终端能源的利用效率，用户端将会大量采用智能设备，同时由于用户需求侧响应等影响，将会使得配电系统的动 / 静态行为更加复杂化。配电网一次系统与二次系统交互影响、二次系统中控制保护技术与方案的相互影响和协调都给智能配电网的保护原理和方案带来了巨大的挑战。

二、主动配电网控制保护系统

分布式电源的控制特性使微电网及其所接入的配网具有复杂的非线性特征。适用于线性系统的对称分类法等故障分析手段，不能客观反映含分布式电源接入的主动配电网故障暂态特性。分布式电源高渗透率接入条件下的保护可以从"并网点保护、配电网保护"两个角度、"点、线、面"三个层次进行研究。对其继电保护原理与技术的要求除传统四性要求之外，基于本地信息量的并网点保护应满足微电网分布式自治、与配电网灵活互动的要求。基于信息交互的配电网系统级保护应满足允许分布式电源灵活接入、足够灵敏地反映分布式电源故障出力等要求。

主动配电网运行控制研究。主动配电系统互动可控的运行控制系统充分利用配电系统的结构特点，将配电网络分层分区加以划分，形成不同电压等级、不同地区分布的控制区域。在合理考虑临近控制区影响的条件下，每个控制区主要实施区域局部控制。以实现主动配电网络灵活运行为目标，从配电网自身、分布式电源接入以及可调负荷参与的顺序和角度探索主动配电网的协同控制方法。具体包括以一次网络重构及二次保护自适应协调为思路的配电网自调节能力；考虑多类型负荷变化特性以及可调负荷资源参与的多目标协同控制；基于下垂控制的微电网无缝模式切换控制等。在控制手段上依赖新型电力电子控制技术，以能量路由器为功率传输中继，配备与配电网的高压接口连接以及和分布式电源连接的低电压交直流接口。能量路由器需对连接至其智能功率传输模块接口的所有装置进行识别和管理，包括状态监控，数据收集和控制基准。对于可控负荷，控制基准可能包括开机、关机指令，功率和电压调节指令等；而对于储能装置而言，控制基准则可能是充、放电速率、深度等。基于能量路由器的分布式智能控制系统分布于所有的能量路由器，并利用通信网络来与其他能量路由器协调配电网的运行控制。以软常开点为配电网功率传输分配的关键技术手段，实现主动配电网的动态网络重构和优化运行。基于分布式控制区域的概念，将发展协同决策算法，以便协调各种控制功能，避免多种控制功能独立实施可能造成的系统运行混乱。

主动配电网保护技术研究。随着数字化变电站、光纤以太网等一系列新技术的发展与应用，面向电网主设备以及网络拓扑的集成保护成为可能。集成保护系统应是面向配电网区域的集成网络保护与面向单一元件设备的局部快速集成保护的有机协调与统一。面向单一元件设备如母线、线路等的本地集成保护单元，能够实现具有针对性的快速保护；而面向整体区域电网的集成网络保护，借助以太网等通信网络实现对区域的集中保护决策，为区域配电网提供后备保护。两者层次分明，分工明确，相互协调，共同实现主动配电网可靠而又快速的集成保护。

所谓"点"，是从分布式保护思想出发，应保证分布式电源或微电网并网的公共耦合点处具备集孤岛检测保护为核心、具有并网状态、孤岛状态及状态切换控制的保护功能。并且主动式检测方法应不影响并网运行时配电网的供电电能质量。在微电网概念引入之前，世界各国一般均不允许分布式电源孤岛运行，采用系统故障时主动将分布式电源退出的保护控制方案。但随着微电网技术的发展，在主动配电网中，微电网与配电网的协调运行以及其孤岛运行能力无疑是提高供电可靠性的有效措施之一。为此，微电网的孤岛检测及保护控制就显得尤为重要。传统基于电压、频率幅值特征的孤岛保护无法满足系统对孤岛检测的灵敏性和速动性要求。采用基于扩展卡尔曼的测频算法，依据频率动态变化率、方差等判定条件，采用模糊数学逻辑实现快速高灵敏度被动式孤岛检测，同时基于谐波畸变率突变或频率突变启动主动式孤岛检测的方法，不仅降低了孤岛检测对微网正常运行的影响，也满足了微网并网/孤网模式切换控制的要求。所谓"线"是指主动配电网内供电支路的保护。尽管分布式电源在配电网的接入改变了配电系统功率单一流向的基本属性，使得配电系统成为有源网络。但由于分布式电源容量与系统容量相差悬殊，且逆变型分布式电源供给短路电流的能力非常有限。因此，配电系统的保护既不能忽略分布式电源的影响，又不能将分布式电源做与电网类似的等效。因此，传统基于工频量的保护原理虽可以实现故障的检测，但在故障定位和故障隔离方面难以达到系统要求。基于暂态量信息的主动配电网保护原理利用小波变换提取故障暂态高频分量，通过线路两端暂态高频分量的极性比较来对故障进行定位，克服了由于系统与分布式电源之间供流能力差别大等原因造成的传统保护选择性、灵敏性差的缺点。暂态极性比较保护具体原理如下：

故障发生时，暂态电流分量由故障点向线路的两端开始传播，如果假设线路两端的保护的正方向均为母线指向线路，那么当故障发生在区内时，到达线路两端母线处的暂态电流极性相同。相反，如果故障发生在线路保护的区外时，到达线路两端母线处的暂态电流极性相反。

暂态电流信号高频分量极性借鉴信号处理中的互相关函数的概念来对 2 个暂态信号的相似程度进行描述。当线路两端暂态高频分量的互相关系数接近 1 时，即可判定为两信号暂态极性相同，从而判定为线路区内故障；当互相关系数接近 1 时，2 个信号暂态极性相反，即可判定为线路区外故障。基于暂态信息的暂态极性比较保护新方案可以覆盖所有故障类型，并且可以适用于线路故障和母线故障。

所谓"面"是从配电网分区的角度实现区域保护。主动配电网保护是基于暂态极性比较保护原理，对配电网进行分区，构建区域集中综合控制与本地保护控制系统相结合的保护系统。采用母线线路集成保护的思路，在配电网母线处设立一个集成保护单元，基于本地信息以及相邻保护单元的故障信息实现对本地单一电气设备母线和线路的保护。与此同时，利用分布式布局的能量路由器作为集成网络保护单元获取配电网多点信息，根据不同的情况综合多点的信息完成基于多点信息的保护控制功能，从而完成故障快速定位以及后备保护的功能，实现配电网络保护及自动化。主动配电网的集成保护系统应是面向配电网整体区域的集成网络保护与面向单一元件设备的局部快速集成保护的有机协调与统一。面向单一元件设备如母线、线路等的本地集成保护单元，能够实现具有针对性的快速保护；而面向整体配电网保护区域的集成网络保护，借助以太网等通信网络实现对区域的集中保护决策，为整个保护区域提供后备保护。两者层次分明，分工明确，相互协调，共同实现主动配电网可靠而又快速的集成保护。根据保护配合关系确定集成方式，以保证区域保护原理具有较强的可操作性。考虑到信息量影响到保护的判定速度和可靠性，因此从信息量上，能量路由器对于信息的采集具有选择性，不能采用全部区域信息，而是根据保护配合关系确定集成方式，以保证区域保护原理具有较强的可操作性。

直流配电保护控制的研究。目前，由于分布式发电的不断发展以及直流负荷的不断增加，适用于分布式电源和直流负荷就地接入的多端直流配电网将成为配电网发展的一大趋势。直流配电网可能是辐射型拓扑结构，这种拓扑结构使得控制策略、保护方案的设计较为简单，但是供电可靠性低。直流配电网也可以形成环网型结构。环形结构供电可靠性高，但是相应的控制策略和保护方案则较为复杂。在工程应用中，需结合实际的负荷等级、投资成本等因素确定具体拓扑结构。

直流配电网的控制与保护是直流配电网发展的关键技术。

其中，直流配电网控制的关键主要在于直流配电网的母线电压控制以及系统潮流控制。母线电压控制主要可以分为主从控制和无主从控制。主从控制又称为带通信的控制，这种方法简单方便，但却对各端换流站之间的通信提出了很高的要求。无主从控制不需要依赖于通信，主要包括直流电压偏差控制和直流电压斜率控制。同时，与传统的交流配电网相比，多端环状直流配电网中还存在系统潮流不可控的问题，这也是目前研究的一大热点。

由于直流配电网直流线路阻尼低，故障电流上升速度快，因此，与传统交流系统不同，直流配电网要求直流保护方案能够快速动作，并且要求直流断路器能够在几个 ms 之内迅速切除故障线路。但是，由于直流故障电流不存在自然过零点，因此高压大容量的直流断路器技术尚不成熟。因此，目前有大量的学者致力于研究基于换流器动作的直流故障切除方案，如基于钳位双子模块的模块化多电平换流器等。

除此以外，在多端直流配电网中，直流侧任何位置发生故障整个系统都将出现降压、过流现象，因此给故障线路的识别带来了很大的困难。而且，直流配电网线路较短，传统直流输电网中的故障识别方案并不能适用于直流配电网。因此，直流配电网故障的准确识别尚需要进行深入的研究。

主动配电网的保护控制技术是实现主动配电网的重要技术支撑。本文首先介绍了主动配电网的主体架构，对主动配电网的重要特征进行了总结。并在此基础上提出了面向主动配电网的保护控制系统设计方案，并对相关保护控制原理与技术的研究包括互动可控的主动配电系统运行控制系统、多馈入电源的主动配电网保护方案、多端直流配电网保护控制的关键技术难点进行了原理性阐述与介绍，相关研究成果将对未来智能配电网的安全可靠运行提供更加灵活与可靠的保障能力。

第四节　高压电器智能化与配电网保护自动化

因为现在人们的日常生活和电力工业的关系越来越密切，所以，高压电器设备的智能化发展成了人们关注的热点话题。在现在的高压电器智能化的工作过程中，配电网自动化保护技术的发展也在不断发展，也正因如此配电网保护自动化技术成了很多行业的支撑技术。在现在各类高科技技术的支持下，越来越多的行业开始应用配电自动化技术，并且配电自动化技术在这些行业中的应用效果十分明显。因此，该文主要对高压电器智能化技术与配电网保护自动化技术进行了分析与研究。

一、我国电力行业的发展现况

现今，我国的电力行业在高速发展的同时，也为我国的经济发展做出了巨大贡献。目前，我国政府也在鼓励电力行业进一步发展，同时还将电力行业作为我国经济发展的重要产业之一。随着我国网络技术与计算机行业的快速发展，配电保护系统也在不断完善。在目前智能化技术的应用与发展下，配电网保护技术正逐渐地向自动化方面发展，随着自动化技术的发展，电器设备在运行时发生的冲突逐渐减少，保证了人们在生产、生活中的用电安全。

二、目前的智能电器与智能控制

随着我国智能技术的发展，智能电器在电力行业中得到广泛应用，并且智能电器的功能非常全面、完善。在目前智能化控制应用的过程中，智能技术的研究人员要对使用高压智能电器的外界因素进行评估测定，确保高压智能电器在进行信息处理时能够模拟人类的思维方式。目前在配电系统中，智能电器已经开始得到广泛应用。

电器控制是结合了智能电器和智能开关的综合应用，它主要有自我诊断和在线监控监测的作用。智能控制在设备应用中属于组织控制。通俗来讲，智能控制属于高层控制，它主要是在现在的实际电力环境或者其他环境中进行科学的决策与规划。所以，现在的智能控制需要结合相应的符号信息进行处理，并且还要设计启发式的程序方案，完善、健全智能控制的自动推理能力与决策功能。

在变电站的综合自动化系统中，智能电器与智能控制已经在很多电力领域得到应用，而且在自动化系统的运行中，高压智能电器的使用要与变电站的整体发展规划相结合，同时还要结合电路中的四元结构。在变电站的高压智能电器运行时，工作人员要根据相关的外界信号情况，实现专家所设计的控制系统方案，使变电站的电路系统在不需要人工操作的情况下，就能直接切断电路，实现电路的自动转换、控制与维护，同时实现对电路工作参数的调节、改变。目前我国的智能电器与智能控制的技术主要包括计算机技术、自动化技术与控制、传感器技术等。

三、高压智能电器配电保护的自动化

配电系统自动化技术在目前的电力控制与管理环节中都发挥着十分重要的作用，一般情况下，高压智能电器配电保护自动化的功能主要分成 4 个部分：第一，找出电力系统中出现故障的位置，并及时对出现的故障进行隔离、维修，避免故障的继续蔓延；第二，定期对电力系统的载重进行测试，保证电力系统的工作稳定；第三，电力系统的操作人员在对电力系统的实际情况进行分析的同时，还要定时对电网的运行方式进行合理的调试，保证电力系统的正常操作和运行；第四，在高压电器设备的运行中，对电能的消耗进行合理的控制。减少配电的维修费用，还可以使供电质量得到保障。

目前，我国的配电保护自动化技术的相关制度还不是特别完善，因此配电系统在运行时如果出现故障，电力工作人员要采用变电站的配电维护方式及时切断电路。我国的配电保护原则主要包括以下 5 种：第一，当配电系统短路时，电力工作人员要操作电源测后备的重合器，及时隔离发生故障的位置；第二，在配电网系统中避免因永久性故障而导致的断电事故的发生；第三，使配电网系统中的每个环节都要得到应有的维护；第四，当开关设备与配电电源之间的距离非常近时，如果发生电路断路问题，工作人员就可以对电力设备采取永久性保护措施；第五，如果两段电路之间的距离大于 10km 时，电路就可以采用分段安装的方式，除此之外还可以在安装电路的过程中安装一定的分段器。但是分段器在安装时，它的最大短路电流必须要小于稳定的动热电流，而且分段器中的重合器要对热稳定的时间进行准确控制，而且重合器的后备保护要比分段器的记数记忆时间少，所以要更好地进行保护。

四、高压智能电器配电网保护自动化系统的建立与完善

配电站的主站系统。主站系统在整个配电站中占据着主导地位，每个子站系统都要受到主站系统的制约。因此，主站系统在整个配电系统中发挥着十分重要的作用，并且它的功能非常突出。在配电站中采用主站系统可以对信息进行有效处理，还能及时地解决电路的故障。如果配电系统在运行时出现了故障，工作人员要通过主站系统及时地对故障发生的位置和原

因进行记录，同时还要结合各项数据做好故障的标记工作，制订各类故障的表格。主站系统在配电工作中能够实现自我诊断，同时还能找出各个电力设备之间的矛盾，隔绝配电系统内的故障。配电站中的主站系统实现了对电路网络的重新组装，提升了系统本身与相关电力设备的安全性。除此之外，主站系统还可以对电气设备的外界运行环境进行分析，通过设计相关的软件，使用户在使用系统的过程中，能够直接连接系统的开发接口，实现系统的自动化调节，保证配电网能够更好地应用与运行。

配电站的子站系统。配电站的子站系统通俗来讲是一类基础软件，但是在配电站的运行中子站系统的优势也十分明显。子站系统在配电站中的性能十分完善，它既实现了远程功能的维护，还使其他的功能得到了相应的拓展。子站系统可以检测自身出现的故障问题，并且能够精确地对故障位置进行定位，对电力系统出现的故障及时地进行隔绝。因为配电系统中包括了很多与监控有关的设备，又因为这些设备涉及的领域或者地区较广，所以就使它们不能及时与终端设备进行连接。因此，子站系统就根据设备之间的不同功能，对设备进行了等级划分以此来实现实时控制与管理。除此之外，子站系统还能对自身的科学数据进行传递，使电力设备的功能更加完善。

配电站的终端系统。在电力装置的配备中，设计了遥测和遥信这2个系统，而这2个系统的设计增强了电力系统的合理性。因为终端系统在配电装置中是非常小的，所以它的抗干扰能力能够保证系统在电力运行时不受到干扰。另外，终端系统有良好的稳定性，能够记录电力设备运行时发生的问题，即使是在极其恶劣的外部环境下，终端系统也能准确地找出故障的位置，并对设备的故障进行诊断与维修。在配电系统的运行中，终端系统可以提供准确的科学数据，降低电力工作人员的工作难度，使他们能够更方便的根据数据对设备进行调节。

目前，国家经济、城市建设与技术水平都在持续发展，而这些发展的本质都离不开电力工业。现在人们对电能的需求越来越大，还对电压的质量提出了更多的要求。因此，在配电系统的运行过程中，相关电力工作人员要建立完善的电力市场管理制度，以此来增强配电系统的安全性与可靠性，同时借助自动化技术，提升配电系统的运行效率。

第五节 智能配电网建设中的继电保护问题

近几年我国经济水平快速提高，国内电力行业也同步迅速发展。为了满足社会发展的需求，电力企业在经营发展过程中，应当加快节能减排进程、提高配电可靠性。智能配电网的建设是电力企业走在环保、智能化、现代化道路的重要工作，而在智能配电网建设中，继电保护问题是亟待解决的重要问题。因此，本文分析了我国智能配电网建设中继电保护的现存问题，并提出了智能配电网建设中继电保护问题的对应措施。

随着低碳环保、节能减排、实现可持续发政策的不断深入，我国电网建设逐渐走上智能化、现代化、节能环保的道路，其中配电网的智能化是推动我国电网朝着科技化发展的重要力量。

在智能配电网建设中，继电保护是保障其运行可靠性和稳定性的重要工作。所以，应当分析智能配电网建设中继电保护的现存问题，并针对问题采取相应的措施，完善继电保护工作，进而保障智能配电网建设的质量和发展。

一、智能配电网建设中继电保护的现存问题

配电线路规划不合理。配电网的配电线路上存在的问题对继电保护有着很大影响，包括电网线路规划不科学，电源点与负荷中心相隔太远，电能输送距离远、供电效率低；配电线破损、老化，降低配电线的绝缘性、线路阻值变大，严重情况下还会导致电能外泄。除此之外，还有线路横截面与实际输送电能不匹配，致使线路处于不良运行状态；线路电能耗损过高，降低配电效率和质量等等问题。在配电设备上，还存在配电变压器和负荷中心距离过大，配电电压器耗能高、容量和负荷不陪配等问题。

用电负荷增大。在我国社会和经济的快速发展下，城市化进程不断加速，城市人口的数量与日俱增，生活和生产用电量也越来越多，导致城市用电负荷持续增大。这就显著加大了供电企业的运营压力，为了满足社会需求，供电流程数量不断提升。而供电流程数越多，供电系统的负荷量将会更大，在此情况下，电网中配电设备和电表出现故障的概率也在不断提高。除此之外，城市配电网管理力度不够大也是导致用电负荷增大的一大原因，包括对偷电、违规用电的用户没有给予适当的管理和处罚等，都使得配电网的用电负荷增大。

线路故障。配电网的规划建设是一项涉及多个领域知识和技术的工程，因此配电网的规划建设质量在很大程度上取决于当地的实际环境和技术条件。无法统一配电网规划建设的质量，使得很多配电网建设中线路故障问题越来越频繁，导致配电网的运行过程中可靠性和安全性得不到保障。一旦配电网运行过程中外界出现恶劣天气，将会在很大概率上导致线路的故障。其中主要原因是我国配电网线路的建设普遍采用架空形式，在正常环境中架空的构造拥有很大的安全性，可是一旦暴雨、冰雹、飓风等气候出现，极有可能引发线路故障，导致电能的输送不稳定、不安全。不仅如此，线路故障后也很难进行修复，进一步对线路运行的安全性和稳定性造成不良影响。

二、智能配电网建设中继电保护问题的对应措施

借助智能配电网的信息化，提升继电保护性能。继电保护的性能在很大程度上取决于互感器的传输性能，因此，保障互感器的运行可靠性，提升互感器的传输性能，对于保障继电保护工作的质量有着重要意义。随着配电网的智能化，继电保护工作已经完全不同于以往，在信息技术下，继电保护工作可以更加大胆，不用担心互感器过饱和、二次回路短路等问题。不仅如此，配电网的智能化还可以实时、精准地监测配电网电能的传输量，为继电保护的提供重要参数。

积极应用新技术和新思想，保障高继电保护质量。在智能配电网建设过程中，积极应用风能、太阳能等新技术对于提高继电保护质量也有着重要意义。在智能配电网下，各项新技术能够被灵活应用，配电网的智能化改变了以往线路出现故障会停止运行的弊端，且为各项新技术的应用提供了重要基础。

除了新技术的应用，新思想的应用也必不可少。例如目前在继电保护中应用越来越广泛的自适应保护思想，这种思想在以往的配电网中，只能分析和调控线路的运行情况，作用单调且适应范围小、灵活度不够高。由于传统配电网没有智能化，整个配电网的信息和状态得不到实时的精准监测，获取到的信息存在延迟且精准度不够高，不能为继电保护的自适应思想提供重要的参考依据。而智能配电网下，借助其信息化、数字化的优势，自适应保护能够充分发挥其作用和价值。通过信息化技术，整个配电网的信息和状态都可以被精准、实时监控，为继电保护自适应思想优势的充分展现提供了重要的数据基础，从而实现通过网络对线路的运行状况进行分析和调控，保障高继电保护质量。

智能配电网建设是我国电网全面实现智能化、科技化和可持续发展的重要工作。而在智能配电网建设过程中，做好继电保护工作是必要条件，但是当前我国智能配电网建设继电保护中还存在配电线路规划不合理、用电负荷增大以及线路故障的问题。对此，应当借助智能配电网的信息化，提升继电保护性能；并积极应用新技术和新思想，保障高继电保护质量。充分发挥出智能配电网的优势，提高配电质量和效率，促进我国电力的可持续发展。

第六节　基于智能保护器的新型低压配电网运检

为了进一步促进我国电力运输的安全性以及稳定性的提高，促进经济利润以及社会效益的取得。电力部门加强了对于智能保护器的运用，并以此为基础构建起新型低压配电网运检模式的构建。本文基于此，主要分析了智能保护器在新型低压配电网运检模式中的运用以及取得的成效，并对如何构建"设备＋信息＋人"的低压配电网新型运检模式进行了探讨。

经济的发展以及城市化进程的推进，使得我国社会生产、生活对于电力资源的依赖性日益提高，在这样的背景之下，为了确保我国社会的正常运行，电力部门加强了对于智能保护器的运用，并以此为基础促进新型低压配电网运检模式的构建，促进了相关效益的获得。

一、新型低配网运检模式采取的措施

近年来，我国社会运转对于电力资源的依赖程度日益提升。在这样的背景之下，我国的电力企业加强了对于智能保护器监测系统的推广、应用，并由此带动了新型低配网运检模式的构建。以长兴县为例，该区在加强对于智能保护器的安装以及运用的过程中，逐步构建起了"设备＋信息＋人"的低压网新型运检模式。事实上，该模式的构建不仅需要借助智能保护器的运用，还需要采取其他的措施，对此笔者进行了相关总结，具体内容如下。

加强运检模式部署。为了促进"设备＋信息＋人"的新型运检模式的构建，电力企业还需要加强对于运检模式的部署。在这一过程中，一方面需要加强对于综合管控小组的成立，并以此为核心促进智能保护器工作的策划、监督、考核等工作的有效开展。一般而言，该小组的成员均为一线电力技术人员。这种设定的好处就在于能够确保后续工作的专业性以及科学性。另一方面，电力单位还加强了对于指标分析通报的开展。除此之外，为了确保各级员工的工作主动性以积极性,电力单位还加强了对于智能保护器劳动竞赛活的开展,并将相关成绩并入到年度绩效考核之中。

促进运行维护技能提升。为了进一步促进新型运检模式的运行,电力单位还需要加强对于电力人员技能的提升。在这一过程中,一方面需要加强对于电力人员的专业培训,为了确保培训效果,电力单位往往需要构建起施工、运行以及系统管理的三级培训体系。另一方面,加强对于技术网络的构建。一般而言,这种网络系统的构建能够实现电力技术的交流以及学习,使得电力人员能够在宽松、自由的环境中掌握相关的技能,促进整个电力团队运检能力的提升。

加强管理体制的建立与完善。此外,为了确保新型低配电网的有效运行,以及相关作业的质量以及效率的提升,电力单位还需要加强对于管理体制的构建。在这一过程中,一方面需要促进考核机制的构建,并结合实际状况促进现场稽查以及考核力度的提升。另一方面加强排查机制的优化改革,促进网格化、专业的排查治理机制的构建,并以此依托促进"三级排查"网络的形成,带动考核工作的有效开展。

二、基于智能保护器的新型低配网运检模式的运行效益

随着智能保护器在农村低压配电网中的不断运用,使得低配网运检模式获得了有效的开展,并促进了电力企业的经济利益以及社会效益的取得。据悉,智能保护器的广泛运用,使得低配网运检模式逐渐朝着信息化、智能化、科技化的方向发展,并促进了低压配网"设备 + 信息 + 人"的管理模式的构建。关于基于智能保护器的新型低配网运检模式的运行效益,具体内容如下。

实现设备巡视的可视化。相关的电力实践显示:通过促进基于智能保护器的新型运检模式的构建,能够有效地突破传统的电力巡视模式,使得电力人员能够借助信息化、智能化的巡视平台,实现对于电力系统实时监测。一般而言,该模式的形成能够确保电力设备出现缺陷或者故障时发出警报信息,继而帮助电力人员对相关问题进行及时的解决,促进用电安全以及平稳。二是实现了实时跟踪巡视,目前,当智能保护器经过人工试跳操作之后,系统会默认为巡检,这种设置的优点就在于能够帮助管理人员对系统的巡检到位情况进行直观的了解。事实上,随着基于智能保护器的低配网运检模式的实施,低配网的问题也日渐显露出来,因而相关技术人员只有加强对于漏电点的排查以及处理,才能促进电力系统的安全运行。

故障抢修主动化。此外,通过对子"设备 + 信息 + 人"的新型运行维护模式的构建,能够将电力系统与生产信息以及营销等系统的联合,并以此为基础实现了对于业务数据的分析,最终实现了电力人员对总保跳闸闭锁的情况进行第一时间的了解。

一般而言,当电力事故出现之后电力单位可以采取"主动式"工单派发的方式,将电力故障的信息推送至配电网抢修平台之上,随后在该平台上构建起内部"主动抢修"工单,促进电力抢修工作的有效开展。另外,电力单位还加强了"个性化"短信的订阅,继而以此确保电力人员对于电力异常及故障状况的了解。掌握低配网的运行状况。

异常处理流程化。事实上,通过对于该种运检模式的构建,电力单位实现了对于总保设

备的全天候管理以及监测。并对出现的电力异常状况信息进行推送，确保相关问题得到有效解决，减少停电故障的发生，其次就是通过构建起异常处理严格闭环，加强异常处理与现场信号之间的关键，确保异常问题处理完毕，异常信号才得以消除，促进电力故障的妥善解决。

实现故障排查科学化。此外，该运检模式的构建以及运用，能够加上对于电力数据的监测，从而在此基础之上实现针对性的组织抢修，带动抢修效率的提升以及抢修时间的缩短。

通过对于新型低配网运检模式运行的数据统计显示：自从该类型的运检模式得到实施之后，长兴县的电力抢修单量同比下降了 42.78%，而故障平均修复时间则呈现出下降的趋势，下降的比例也是高达 15.23%。通过对于这组数据的统计、分析可以得知，随着基于智能保护器的新型运检模式的运用。电力部门加强了对于运行维护、抢修作业质量以及效率的提升，促进电力服务水平的提升。

为了进一步促进我国电力系统的高效运行，电力部门加强了对于基于智能保护器的新型低压配电网运检模式的应用。本文基于此，主要分析了新型低配网运检模式采取的措施（加强运检模式部署、促进运行维护技能提升以及加强管理体制的建立与完善），并对基于智能保护器的新型低配网运检模式的运行效益进行了分析，笔者认为随着相关措施的落实到位，我国的电力系统必将获得长足的发展，并以此为基础促进相关的经济效益以及社会效益的取得，促进我国社会的发展。

第七节　低压配电网总开关保护装置接入智能化改造

本节针对低压配电网的稳定性问题进行研究，并且主要针对开关保护装置的智能化改造方案进行优化设计。首先介绍了开关保护装置目前的应用现状，其次介绍了智能化改造方案的相关原理与技术要点，最后针对线路总开关保护装置新的智能化改造方案进行实现，并且介绍了智能化开关保护装置的应用效果，希望对相关研究人员提供一定的参考与借鉴。

近年来虽然我国电力行业的综合能力在持续增长，但是随着客户用电需求程度的不断提升，导致供电企业的经营压力也在日益加剧，供电企业想要维持自身在行业市场中的竞争优势，便要针对核心技术进行优化创新，这样才能有效提升配电线路的应用质量与效率。而低压配电网作为电力网络中的主要部分，其自身对故障问题的防治与解决能力会直接影响到配电线路整体的稳定性。因此，文章在此基础上针对低压配电网总开关保护装置接入智能化改造方案进行设计与实现研究，能够促进我国供电行业综合实力的进一步提升。

一、总开关保护装置应用现状

低压配网自动化的控制系统通过独立加入的低压自动化控制模块对各个低压台区的低压负荷总开关进行统一管理，这样能够保证各个台区的遥调、遥控、遥测、遥信等智能化功能可以得以体现，以解决低压台区因为低压负荷总开关因厂家不同、型号不同、接线形式不同所造成的低压自动化控制系统的技术难点。低压配电线路开关保护装置同时具备 GPRS 与 GSM 两种模式的通信功能，其中 GPRS 模式用于后台服务器与改造后台区的数据和控制命令的通信，而 GSM 模式则是专门为了针对各低压台区的管理负责人员不同而设，进行自动化技术改造后，本自动化系统的组网需要使用 WEB 服务器和 GPRS 公网采集数据，但是需要查看采集的数据信息和生成的数据分析表，这样才能准确分析出台区运行情况表，在实际管理过程中会由于低压配电线路的突发故障问题而影响到整体应用效率。

二、智能化改造方案的相关原理与技术要点

本次智能化改造方案的技术关键点如下：能够对保护判定和输出逻辑系统进行重新定义，同时通过对接地、失压、欠压和过流等功故障问题进行重合研究；针对重合闸是否输出问题进行全新的设计定义，进而实现各项功能的灵活性，通过对目前低压自动化方面与中压技术的相互配合使低压单点接地、多点接地判定技术能够有机结合，减少停电时间和中压导致的停电故障；自动化通信技术可以通过 GSM 短信、GPRS 同时开发实现与班组成员的通信实现实时连接，这样能够有效提升电力故障处理效率。

智能化改造方案的技术原理为：通过开发新型的智能化保护装置替换低压台区的开关原控制模块，这样能够提升对不同厂家开关兼容性，使用本系统可以根据台区和开关的类别进行自由切换；针对是否投入接地、失压、欠压等故障的判定进行重新设计，对故障判定时重合闸操作进行自定义设计，达到保障低压系统稳定性的目的；在满足重合闸触发条件时，针对不同的故障类型在输出前进行一次判定，进而决定是否触发重合闸现象；采用 GSM 短信、GPRS 通信技术对台区数据参数进行远程测量，确定各种运行参数与故障定义参数，最终提升系统的自动化与智能化功能。

三、智能化改造方案的实现途径与应用效果

本次智能化改革方案通过创新 GSM 短信自动化系统，使各个台区组成不同的独立管理机构，并且实现三遥功能，可以有效加快故障处理的时间。责任人还可以通过 GSM 短信自动化子系统随时获取台区运行状况，根据负载用户的组成调整运行参数制订科学合理的解决措施，有助于提高管理效率和管理水平。低压自动化控制模块的技术改造方式能够解决低压台区因为低压负荷总开关应用过程中的各类技术难点，将 GPRS 和后台服务器相结合，实现对各个低压台区的遥调、遥控、遥测、遥信的智能化技术需求。同时，针对总开关制订保护措施，能够在发生故障时制订有效的解决措施，这样可以在一定程度上对低压配电线路的稳定性做出保证。此外，通过保留中压自动化功能的同时优化漏电与接地等故障的管理策略，不仅能够解决中压故障给低压带来的多余影响，还能强化线路自动切除低压故障的能力。

综上所述，针对低压配电线路中的开关保护装置进行智能化革新，能够有效解决各类电力故障引发的困扰问题，并且能够合理提升配电线路的整体稳定性与安全性。本文针对低压配电网的稳定性问题进行研究，并且主要针对开关保护装置的智能化改造方案进行优化设计。

首先介绍了开关保护装置当前的应用现状，其次介绍了智能化改造方案的相关原理与技术要点，最后环节针线路总开关保护装置新的智能化改造方案进行实现，进而对低压配电线路的智能化发展提供稳定助力。

第六章　智能配电网保护的创新技术

第一节　智能配电网自愈控制技术

能够实现自愈控制是智能配电网最为重要的一项特征，现阶段智能配电网自愈控制技术得到了广泛的应用，其可以极大地强化供电的可靠性，并且使长期以来我国配电网中存在的高线损率和设备利用率不高等问题得到有效的解决。基于此，本文针对智能配电网自愈控制技术进行了探讨，介绍了自愈控制的关键技术和体系设计，供大家参考。

在国家安全防御体系中电网安全保障体系属于一个非常重要的组成部分，智能配电网自愈控制技术的应用能够有效地保证电网的安全，这主要是由于在电网正常运行时智能配电网的自由控制可以实现优化和预警，并且诊断故障情况，明确相关故障的位置，确保能够及时地恢复供电。在未来的电网技术发展中智能配电网的自愈控制技术属于一个非常重要的发展趋势。

一、智能电网自愈控制概述

智能配电网自愈控制主要指的是能够在不同的配电网区域和层次进行有效的协调，并且可以实现优化技术指标和经济指标的一种控制策略和手段，其能够使配电网具有自我恢复、自我决策、自我诊断和自我感知等一系列的能力，确保在不同状态下的配电网实现经济、可靠和安全运行。智能配电网自愈控制在正常运行的配电网中主要是优化、监控和进行系统预警。在电网处于故障状态的时候，智能配电网的自愈控制技术能够准确地定位故障，并且对故障进行隔离处理，确保能够及时、快速地恢复供电。下面介绍故障自愈的处理过程。10kV 出线断路器分别是 S1、S2 以及 S3，同时其具有自动跳闸的功能，站外开关为剩下的几个开关，而且其没有自动跳闸的功能，一旦有故障出现在 A2 ~ A3 段线路间，那么就会从 S1、A1、A2 中经过短路电流，由于 S1 开关本身具备自动跳闸功能，所以其可以自动跳闸启动保护工作。

①故障启动：在该实例中启动条件为分闸加保护，一旦配电自动化主站检测到出现满足启动条件的保护动作信号，就会将故障分析启动。②故障定位：系统在分析到有过流信号动作出现在 A1 和 A2 开关中，同时其他的过流信号没有动作，所以将 A2 和 A3 之间确定为故障区域。③故障隔离：在将故障区域定位出来之后，将 A2 和 A3 开关断开。④故障恢复：将 S1 开关合上，这样上游恢复供电，将 A6 或者 A9 开关合上，下游就可以恢复供电。如果具有若干个下游恢复方案，这时候系统就会分析下游恢复方案的优先级别，并且以实际的情况优选下游恢复方案，最终将最优的恢复方案选择出来。

二、智能配电网自愈控制系统的关键技术分析

故障隔离与网络重构的关键技术：在正常运行状态下智能电网的故障隔离与网络重构属于最为主要的自愈控制相关技术，其能够确保在发生外部严重故障或者内部相关故障的时候配电网实现自我恢复。结合自愈控制技术中就地控制和集中控制两个架构的协调性，通过对就地信息的保护装置的利用就能够快速地切除故障，而以全局信息为基础的网络重构则具备全局性的计算和优化的能力，然而其在进行分析、计算和执行的时候需要较长的时间，通过对不同控制方法的优点的利用，对其进行优化和协调，就能够实现最好的经济、技术控制效果。

大面积停电恢复技术和关键负荷在极端条件下的保障技术：其主要包括在严重内部故障状态下智能配电网的被动解列技术；在严重外部故障状态下的智能电网的主动解列技术；发生故障后的以网络重构为基础的智能配电网的恢复局部供电的技术；以网络重构为基础的智能配电网的电压控制技术；智能配电网在极端条件下的保障关键负荷的技术；以分布式电源为基础的极端条件下的智能配电网的黑启动技术。

保护装置控制保护技术：其重点内容就是通过局部信息使多电源闭环供电的配电网形成网络式保护的相关技术；网络式保护装置在进行网络重构之后的自适应控制保护技术；以全局信息为基础的支撑平台和以局域信息为基础的保护装置之间的保护协调配合机制；电网保护测控一体化终端的相关技术；能够对故障分支进行指示的故障指示装置。

故障特性分析技术：其重点关注的内容为在电网出现不对称故障或者对称故障的时候储能装置、分布式电源的故障特性；微网在发生外部故障之后的故障特性；包含着储能装置、微网、分布式电源的智能电网的故障特性；智能电网故障特性受到的储能装置类型、分布式电源类型、负荷性质、负荷水平以及系统接地方式等因素的影响。

三、智能配电网自愈控制的体系设计

智能配电网自愈控制的方案设计。

（1）集中控制方式：要想实现集中控制，系统主站必须要具备高级分析计算功能。在发生故障后系统要向主站发送量测信息，对故障的位置和类型等进行分析、计算和判定，并且制订完善的控制决策，随后由智能终端或者保护装置对控制决策进行执行，基本上由主站完成整个故障的处理过程。主站和终端在集中控制方式下需要进行大量的数据通信，而且如果只依赖于主站实施分析和决策往往需要耗费大量的时间，无法使快速切除故障的需求得到充分的满足，所以目前如果想要单纯地依靠集中控制方式使智能配电网实现自愈控制具有较大的难度。

（2）分散控制方式：要想实现分散控制，必须要依赖于智能终端和保护装置两者之间的相互配合。以局部信息为基础的智能终端和保护装置是清除故障和实现恢复故障后供电的主要装置。一般来说，分散控制方式具有较高的可靠性和效率，但是因为主站没有参与到这一过程中来，尽管智能终端与保护装置两者之间具有一定的联系，但是其无法立足于全局性的角度实现对故障后过程的整体性协调，也无法与频繁变化的网络运行方式相适应，因此限制

了这一控制方式的应用。不过，由于现在越来越多的应用到了以多代理为基础的分布式计算技术，因此未来分散控制技术有望得到进一步的推广和应用。

（3）集中——分散协调控制方式：该控制方式同时具备分散控制和集中控制两者的优点，可以进行分布式协调控制。通过保护装置的配合能够清除故障，而通过主站分析计算后所发出的各种控制命令能够尽快地实现故障后的恢复供电。该控制方式除了具有快速的故障切除速度之外，而且还具有较强的全局协调优化功能，能够与多变的网络运行方式相适应，因此在现阶段得到了非常广泛的应用。

智能配电网自愈控制方案的实现基础。配电自动化是实现自愈控制技术的基础，而要想实现自愈控制技术，智能配电网需要具备以下条件：①具有各种智能化的配电终端设备和开关设备；②具备储能设备、分布式电源、多电源或者双电源，并且配备具有较高可靠性和灵活性的网络拓扑结构；③具备强大的信息能力和可靠性高的网络通信；④主站系统要具有预警、评估、计算、分析等一系列的智能化功能。自愈技术相对于传统的配电自动化技术而言具有更高的主站功能系统要求，因此其能够使分布式电源的灵活接入要求得到充分满足。

智能配电网的自愈控制技术在解决大量的分布式电源接入问题、预防大面积停电事故发生、抵御连锁故障、提升配电网安全性和可靠性等方面均发挥了十分重要的作用，而且属于非常关键的技术手段，其应用前景非常广阔。为了能够进一步的推广和应用智能配电网的自愈控制技术，就必须要形成完善的智能电网综合评价机制，从而对智能电网的发展进行有效引导，同时要加快智能电网自愈控制技术的研发工作，全面地推动我国智能配电网的不断发展。

第二节　10kV 配电网的继电保护

10kV 配电网的继电保护实际上涉及范围广，系统性和综合性也较强，在实际工作中，工作人员必须要灵活应对各种电力故障和继电保护装置问题，不断结合前人经验，定期检修维护继电保护装置，逐步实现继电保护智能化和网络化管理，完善继电保护装置规范化和科学化制度的建设，并积极引进新技术新方法，从而使得 10kV 配电网继电保护的可靠性和质量大大增强。

我国电力系统主要包括发电、变电、输电、配电和用电等五大板块，主要由大量不同类型电气设备和电气路线紧密联结组成。配电网中，各种电气故障时有发生，因此只有做好电力系统各个环节的安全运行管理，才能够避免电力出现故障。10kV 配电网就是电力系统中的一部分，只要电力系统有风吹草动或者故障，就会对配电网运行造成影响，因此 10kV 配电网的安全可靠运行直接与电力系统正常运行及用户安全用电相关。一般 10kV 电力系统有一次系统和二次系统，前者配置与设置都简单方便，而后者则由继电保护装置、自动装置及二次回路构成，其中继电保护装置能够测量、监控以及保护一次系统，因此 10kV 配电网继电保护就必须要全面考虑所有因素，科学设置其继电保护装置。

一、10kV 配电网中继电保护的有效配置

10kV 配电系统运行主要有 3 种状态，也就是正常运行（各种设备以及输配电线路、指示、信号仪表正常运行）、异常运行（电力系统正常运行被破坏，但未变成故障运行状态）以及发生故障（设备线路发生故障危及电力系统本身，甚至会造成事态扩大），按照 10kV 电力系统和供电系统设计规范要求，就必须要在其的供电线路、变压器、母线等相关部位布设保护设施。第一，10kV 线路过电流保护。一般 10kV 电路上最好要设置电流速断保护，它是略带时限或无时限动作的电流保护，主要有瞬时电流速断和略带时限电流速度，能够在最短时间内迅速切断短路故障，从而降低故障持续时间，有效控制事故蔓延，因此电流速断保护常常被用到配电网中重要变电所引出的线路里，如果有选择性动作保护要求，就可以采取略带时限的电流保护装置。第二，10kV 配电网中变压器的继电保护。一般配电网供配电线路出现短路，其电流很高时，也可以采用熔断器保护，这种保护装置有一定条件。如果在 10kV 配电网中，其变压器容量小于 400kVA 情况下，就可以采用高压熔断器保护装置，该装置能够几毫秒内切断电力，如果其变压器容量在 400 ~ 630kVA 区域内，且其高压侧采用断路器的情况下，就要设置过电流保护装置或者过流保护时限大于 0.5s 的电流速断保护。第三，10kV 分段母线的继电保护。10kV 的分段母线也要运行电流速度保护，因为断路器合闸瞬间，其电流速断保护就发挥其应有作用，断路器合闸后，电力速断保护就会解除保护作用，主要为了防止合闸瞬间电流过大损坏电力设备和线路。此外，10kV 分段母线也要设置过电流保护装置，要解除其瞬间动作（反时限过电流保护中）。

二、10kV 配电网继电保护装置要求

10kV 配电网的继电保护装置也有诸多原则，主要要符合选择性、可靠性、速动性、灵敏性等要求。第一，选择性原则。电力系统发生故障时，继电保护装置必须要发挥其及时断开相关断路器的功效，而选择性则是指断开的断路器必须距离故障点最近，才能确保切断隔离故障线路，使得其他非故障线路能够顺利正常工作。10kV 配电网电气设备线路中的短路故障保护（主保护和后备保护）就是遵循了选择性原则，其主保护能够最快有选择切除线路故障，后备保护则是在主保护 / 断路器失效时，发挥效用切除故障，两者同样重要。第二，灵敏性原则。继电保护范围内，一般不管哪种性质、那种位置短路故障，保护装置都要快速反应出来，如果故障发生在保护范围内，保护装置也不能发生误动，影响系统正常运行，因此继电保护装置要想其保护性能良好，就必须要有极高的灵敏系数。第三，速动性原则。继电保护装置切断故障时间越短，其短路故障对线路设备造成的损坏后果就越小，因此继电保护装置通常都被要求要能用最快速度切断线路，也就是要有很高的速动性，目前我国断路器跳闸时间在 0.02 s 以下。第四，可靠性原则。继电保护装置必须要随时待命，处于准备装好的状态并在需要时做出准确反应，因此保护装置的设计方案、调试和整定计算要求就很高，且其本身元件质量过硬，运行维护要合适、简化有效，因此继电保护装置效用发挥才能可靠。

三、10kV 配电网继电保护效能及注意事项

不论 10kV 供电系统是处于正常运行状态，异常状态还是发生故障状态，其继电保护装置都必须要充分发挥其相应功效，供电正常时，继电保护装置就必须要监控所有设备运行状况，及时为相关工作人员提供完整、准确、可靠设备运行信息；发生故障时，继电保护装置就必须要迅速、有选择性切断故障线路，保护其他线路顺利正常运行；供电异常时，继电保护装置就要快速警报，以便相关人员及时处理。要想 10kV 配电网中继电保护装置能够充分发挥效用，其保护装置的相关配合条件就必须要满足要求，如果搭配条件不符就很容易造成其保护装置做出非选择性动作，如断路器越级跳闸等。当然除了上述外，零序电流保护也是一种继电保护方式，系统中性点不接地系统如果一相接地就可以采用零序电流保护。不同线路和保护要求，工作人员就要科学设计不同保护装置，综合灵活运用才能够达成高效保护 10kV 电力系统正常稳定运行的效果和目的。

现在已经进入全面电能时代，人们工作生活各方面都离不开电力的支持，因此当前人们对电力需求量、电力系统质量、电力安全可靠性要求也日益提高。10kV 配电网作为电力系统中重要的基础成分，由于其电网覆盖广、分布散乱、设备线路走径复杂等特点，使得其继电保护难度也较高。然而 10kV 配电网继电保护作为一种自动化保护设备，能够有效维护保障电力系统安全稳定且有效运行，有效避免电力危险事故，因此做好 10kV 配电网继电保护工作十分重要。

第三节　智能配电网的故障处理技术

一直以来，电力界对配电网的安全运行问题都十分关注，近些年随着智能配电网的不断发展和进步，配电网的故障处理技术成为人们关注的焦点。配电网的故障处理是一个比较系统的过程，文章从不同的方位对故障处理技术进行分析，希望为电力行业的发展提供一定的理论支持，为配电网故障处理技术的发展尽一份力量。

随着社会的进一步发展，社会的总体需求不再是建立于以往高消耗、高污染的前提下，人们的节能与环保意识有了较大的提升，电力行业作为传统的能源供应体系也必须紧跟时代步伐，跨入可持续发展的转型时期。如今，智能化电网成为主流趋势，世界各国的电力行业都在向智能化发展，智能化电网最明显的特点就是能保证电力系统安全稳定的运行，也能提供优质可靠、经济环保的电能。其中智能配电网对提高电网的可行性及整个系统的运行效率都有有着十分重要的作用，与传统的配电网相比，智能配电网不仅网络结构更加合理，而且免疫力也相对较强，对出现的故障以及突发情况都有着较强的自愈能力，并且能以较快的速度恢复正常的运行状态。

一、智能配电网概述

于当今世界的电力技术而言,智能配电网将是未来的发展趋势,它是世界公认的具有自愈、清洁、安全、经济等特性的新型技术,是最能适应未来科技发展和创新趋势的。智能配电网的自愈能力比较强,能对电网的运行状态进行实际的把控,对出现的隐患和故障能第一时间予以发现并做出快速的诊断,进而将故障和隐患加以消除。在智能电网中人工干预将会越来越少,故障会被快速的加以隔离,并且系统能进行自我恢复,以免出现影响生产和经济运行的大面积停电故障,让电网的运行更加可靠。

二、智能配电网故障处理的三个阶段

发生故障,进行故障开断和清除。这一阶段一般是由高压断路器和继电保护器相互配合在几毫秒之内就启动继电保护速断,这个故障只能持续在较短时间之内。当前的配电系统线路上的串联装置比较多,传统的电流保护方式已经无法实现多开关的有效配合,从而使保护装置与选择性之间存在一定的冲突。多数情况下,一旦有电力故障发生,为了使故障能被及时切除,首先要做的就是让变电站的保护装置先启动,这样会使停电的范围扩大,而且多级开关的联动优点就不能充分发挥。而智能配电网的网络式保护方法,有效地解决了保护装置与选择性之间存在的矛盾。

区分故障区域和非故障区域,并且进行隔离和供电恢复。之前的配电网线路结构大多呈辐射型,线路上不会设置其他开关,发生故障后整个线路都会处于被隔离的状态。如今的智能配电网线路多以环网及多电源的网络结构存在,即便发生故障也不会对整个区域造成影响,只要将故障区域加以隔离即可,其他非故障区域还可以维持正常的供电。这就是智能化配电网比较先进的部分,只需要最短的停电时间和停电范围,而且不会受电压和功率越限的约束。

对故障点进行定位和排除。配电网是一个多分支且线路复杂的系统,虽然输电系统具有测量故障距离并加以定位的功能,但是效果并不是很好。单项接地故障的检测相对来说更加复杂,故障指示器对实现故障检测和定位有着十分重要的意义。只需要将故障检测器在线路上进行安装,就能实现对电流特征和接地信号的自动检测,而且可以进行批量安装和使用,如果能和已有的通信方式相结合进行使用,就可以实现在控制中心的地理信息平台上进行故障的定位,让故障的定位水平处于更高的水准。

三、智能配电网故障处理技术

智能配电网网络式保护技术。环网结构的电路采用三段式的电流保护和反时限的电流保护,主要利用分段开关和联络开关对电路进行控制,通常出现故障的电流大小会决定延迟时间的长短,城市电网的电流会比较大一些,延迟时间相对较长,这就导致进行故障保护的快速性和选择性之间出现了比较突出的矛盾。如果使用网络式保护技术就可以解决这一矛盾,而且能将智能配电网的保护快速性和选择性最大限度的加以调和。网络式保护技术与传统故障处理技术最大的不同就是将独立单元的保护与计算机网路相结合,从而形成网络保护技术的核心内容。网络保护的实现基础是网络通信技术,在选择通信网络时可以选择主从式,也可以选择对等式。主从式网络以主从网络为依托，以一个主要控制单元为中心点，级联开关的调控是以数字通信来实现的，一旦发生故障，开关会与主控中心进行数据间的交换，使故障点最近的开关跳闸。如今的智能配电网对电网通道的要求比较高，在变电站内使用较多，自愈式光纤环网也可以使用主从式网络。

智能配电网分布式控制技术。分布式智能控制技术是将分段器和重合器两者的优点相结合的一种技术，它以整个线路的电压和电路作为判断故障的两个标准。这一技术的第一个优势是通过对故障电流在失压与过流进行判断时，网络方案不会被线路的分段数量和开关所处的位置所影响；第二个优势就是职能开关与断路器在重组网络中能实现功能的预先设定，以最快的速度对保护开关进行选择，高效地完成故障区的隔离和非故障区的供电；第三个优势是通过残压检测使故障点的开关提前关闭并避免短路出现；第四个优势是对主站的依赖性小，通信是独立的，而且能获取相邻的开关的信息，还有自动升级的功能并独立处理故障。

智能配电网故障自动定位技术。传统的故障定位技术与当前的技术相比准确度较低，不适用与环境复杂的区域，而智能配电网的故障自动定位技术则是以主站为中心呈辐射的形式进行监测，各监测点在配电线路上会形成一个集通信和定位为一体的系统，各线路上安装的故障检测器和数据采集器能实时进行数据采集和分析，并且对故障加以定位和报警。智能电网的故障自动定位技术是通过即时通信技术实现的，通过数字识别技术对每一个采集器都能一对一进行识别，增加了故障定位分析的准确性。

智能配电网故障自愈控制技术。通过自愈控制技术，智能配电网的安全运行有了强有力的保障，自愈技术的核心就是快速仿真与模拟技术，通过这些技术能实现故障的自动化处理，而且通过软件平台和管理系统及时地将故障处理信息加以传递。目前，智能配电网的自愈控制技术主要是以设备和运行网络为主进行的，多功能智能化开关和配电终端实现了在线实时监测。在运行过程中快速仿真和模拟技术将电能进行了智能化的分配，智能微网对实现电网故障的自愈也有着十分重要的作用。智能配电网通过使用故障自愈技术可以快速、高效地提供电力服务。

智能配电网的故障处理技术随着社会经济的不断发展和进步也在不断地进行着创新和变革，与传统的故障处理技术相比，智能配电网的故障处理技术更具优越性，不仅能实现快速的断电保护和自愈，而且能智能的分析出故障的出现点。这样的技术进步不仅推动了电力事业的蓬勃发展，也为广大的电力用户提供了更为优质和有保障的电力服务。随着科技的不断进步，电力系统的技术发展也会取得更加让人瞩目的成就。

第四节 智能配电网的故障处理自动化技术

一、故障处理自动化概述

故障处理自动化是智能电网自愈功能的重要表现形式，是当今智能电网系统发展的最新方向，智能电网所提供的自愈、安全、环保、经济等电力服务是满足优质电力需求的重要保障。智能电网自愈服务能够快速故障地位、快速故障隔离、快速非故障区供电恢复、最大限度减少停电时间与面积，避免大面积、长时间停电，提升电网运行的可靠性和电力服务的质量。

从智能电网故障处理自动化的过程和本质来看，其实现故障处理、完成电网自动修复的过程可分为三个阶段。首先，在电网故障发生的瞬间，高压断路器及继电保护自动化装置能够在100毫秒内实现故障的开端和清除，使得整个故障持续时间仅为100毫秒左右。这充分实现了快速继电保护的目的，但相对来说，传统继电保护装置恢复电网功能的选择性则不那么智能，往往以变电站出口进行保护先动作，扩大了停电面积，忽略了多开关级联的优点。其次，当快速诊断出故障后，需要进行故障区的隔离和非故障区的供电恢复。智能电网的分布式线路结构改变了传统辐射式的线路结构，是的故障区前后段均可快速供电恢复。再次，隔离开故障区段并恢复供电服务之后，开始故障点的定位和排除，通常需要若干小时的时间。

随着我国社会各层经济体用电量的急剧增加，需要从电力系统方面做出技术改革。全面实现自动化技术是解决用电供给困难的核心途径，将会提高整个电力系统的安全性与可靠性。

二、智能配电网故障处理自动化技术的特征

提升安全性能，保障配电网供电质量。顾名思义，智能配电网中的"智能"很大程度上指的是自动化技术。在配网中利用自动化技术进行实时监测，能够及时发现配电网中存在的隐患。自动化监测到故障后会自动将故障范围的电网与其他正常运行状态下的路段采用隔离的方式进行处理，避免故障发生蔓延的情况。自动化技术具备及时精准定位配电中故障的范围，通过设置隔离区及时恢复供电，降低由于故障问题对广大用户造成的影响，在确保供电质量方面有着十分重要的现实意义。

提升配电网信息化程度。智能配电网自动化技术的监测功能取代了过去人工监测故障的方式。该技术在掌握到异常情况的第一时间将信息反馈至配电网控制中心，控制中心能够实时掌握智能电网实际的运行状态，根据实际的运行对配电网系统的调度展开科学安排。

主动性增强，实现互动。智能电网的故障处理自动化技术在对配电网运行状态下进行实时监测的过程中，会自动判断所获得的数据信息，通过分析预测电网中相关位置极有可能出现的故障。这种主动性预测故障的作用体现在能够及时为配电网排除故障，降低故障影响程度。同时，自动化系统能够实现人机互动化操作，根据实际的监测状态信息得出不同的解决措施，

最终按照系统的最优方案对相应故障进行针对性处理。值得关注的是，掌握权限的工作人员可以采取人为方式对系统进行操作。

三、智能电网故障处理自动化方法

网络式保护技术。通常来说，环网结构电路采用三段式电流保护或反时限电流保护，利用分段开关和联络开关进行控制。故障电流的大小决定了延迟的长短，城市电网的特点使得故障电流很大，造成延迟时间过长，出现了保护的快速性和选择性之间不可调和的矛盾，在这种情况下，引入网络保护的概念可最大限度实现智能电网保护的选择性和快速性。在网络式保护中，将传统的独立单元保护运用计算机网络技术进行调配协调，各保护点的信息数据在当地进行检测，监控中心只利用中心网络进行分析和数据共享，从而达到不同地点保护之间的协调和配合，进而实现智能电网保护的选择性和快速性的协调，这就是网络保护技术的核心原理。

网络保护是基于网络通信来实现的，因此根据其所选择的通信网络类型可分为主从式和对等式两种。基于主从式通信网络的网络保护技术依托于主从网络，以一个主控单元为中心点，运用数字通信来合理调控级联开关，达到互通信息的目的。故障发生时，感受到故障电流的开关与主控中心进行数据交换，以快速确定故障最近点开关跳闸，其余开关转为后备。对等式网络保护不需要主控单元，而是各点之间对等通信。故障发生时，开关可根据检测到大电流流入流出情况自动判断故障段，进而与相邻开关进行通信，确定快速保护跳闸的选择。在现代智能电网中，由于对等式模式的电网保护对通道要求高，因此多用于变电站内，主从式电网保护可广泛应用于自愈式光纤环网中。当未来智能配电网络建设更为晚膳时，主从式与对等式皆可变易的用于智能电网保护。

分布式智能控制技术。分布式智能控制集合了分断器和重合器的优点，将线路电流和电压两个信号作为故障判断标准，具有以下先进之处：其一，通过对故障电流失压与过流的判断重组的网络方案不受线路分段数目和联络开关位置的影响；其二，智能负荷开关与断路器配合重组网络时，能够按照预先设定功能相互配合，快速进行开关保护选择，隔离故障并恢复非故障区段供电；其三，采用"残压检测"功能是故障点负荷侧开关提前分闸闭锁，避免短路电流冲击造成不必要短路；其四，分布式智能控制不依赖主站，能够独立通信，获取相邻开关信息，当智能配电网建设完备后，可自动进行升级，实现自通信、主站通信、相邻开关互通信以及独立自动处理故障等功能。

故障点自动定位技术。传统故障点定位技术准确度低，多适用于变电站或者配电网络环境较为理想的区段，对于一些环境复杂区段缺少足够准确和经济的技术。智能电网故障自动定位以调度控制中心的主站为中心，监测点辐射在各配电线路之上，形成一个统一的通信、检测、定位系统。安装在线路上的检测点通常由故障指示器和数据采集器组成，控制中心主站则由服务器、通信交换机、主站软件共同组成，实现数据实时采集、分析及故障定位、报警、历史查询等功能。

即时通信是智能电网故障自动定位功能实现的重要保障，其工作原理是数字识别技术，每个采集器和指示器都具有全球唯一对应的四字节地址，便于主站计算机迅速判定故障地址。智能电网故障定位算法主要有基于 FTU 的故障定位、人工智能定位等，而人工智能算法又包含人工神经网络、模拟退火方法、遗传算法、模糊数学等方法。通常对于故障的判定是以指示器的过流为依据的，因此只要是变电站出口跳闸，就能从主站检测到故障区指示器的地理位置。这种基于计算机系统自动进行的网络拓扑分析、故障定位分析并自动给出故障位置的技术方法，是目前最为可靠的判断方法。

智能自愈控制技术。智能电网自愈控制是配电网智能化发展、实现快速、高效、可靠电力服务的重要保障，其关键技术主要有快速仿真与模拟技术、智能网及需求侧管理技术、广域测控技术。快速仿真与模拟技术是为实现故障处理自动化而提供的软件平台和管理决策支持，具有四个方面的功能：网络重构，电压与无功控制，故障定位、隔离与恢复供电，系统拓扑结构发生变化时继保再整定。

就目前的智能配电网建设情况看，智能自愈控制的关键技术集中在设备、运行和网络三个层次。在设备层次，多功能智能化开关、配电终端设备是实现监控的基础，基于 AMI 技术的在线监测技术是手段。在运行层次，配电网快速仿真与模拟技术是关键，ADA 是进行电能智能化分配的核心，配网重构技术是重要的运行方法与模式。在网络层次，微网 DER 分布式电源是实现配电网智能化的基础，智能微网与智能配电网密不可分。

第五节　光伏发电并网对配电网保护的影响及对策

在科技不断发展的今天，人们面临的能源问题和环境污染问题变得越来越严重，这不仅影响了经济的发展，同时也威胁到了人类的生存。在这种情况下，人们必须要加强对高新技术的研究，降低能源消耗，避免对环境产生太大的影响，进而实现可持续发展的目标。光伏发电是一种新的产业，科技含量比较高，对环境没有污染，具有良好的发展前景。但就目前的情况来看，光伏发电并网对配电网保护会产生一定的影响。鉴于此，必须要加强对光伏发电并网的研究，分析其对配电网保护的影响，并提出相应的对策，希望对光伏发电产业的进一步发展能有所帮助。

相比于其他的发电方式来说，光伏发电具有下述优势。第一，该种发电方式不会对环境产生污染；第二，光伏发电属于可再生能源；第三，光伏发电采用的发电系统比较灵活。鉴于此，人们对光伏发电技术产生了较为浓厚的兴趣，加大了对光伏发电技术研究的力度。按照工作形式的不同，光伏发电可以分成两种类型：一种是独立发电系统；另一种是并网发电系统。不同的工作方式对应的效果也是不同的。本文将重点对光伏发电并网进行研究。经过大量的理论研究和实践发现，光伏发电对于社会的发展来说具有重要的作用，在工业领域具有较为广泛的应用。进行有关光伏发电并网的研究是十分必要的。本文将从介绍光伏发电并网及配电网保护装置的概述入手，具体分析一下光伏发电并网对配电网保护的影响，并提出相应的对策。

一、光伏发电并网及配电网保护的概述

就目前的情况来看，在世界范围内，电能生产的方式主要有两种：一种是火力发电，该种发电方式在应用的过程中需要使用到不可再生能源，在能源紧缺的今天，该种发电方式的弊端逐渐显露出来；另一种是水力发电，该种方式在应用的过程中会受到季节因素的较大影响。由此可见，世界各国都面临着电能生产困难的问题。而人们的生活又离不开电能。在这种情况下只能寻找新能源，将其转化为电能。经过大量的实验和研究，人们研发出了太阳能光伏发电方式。相比于火力发电和水力发电方式来说，该种发电方式具有众多的优点，不仅可以有效解决电能生产问题，同时还可以减少对不可再生能源的消耗量。但光伏发电方式在实际应用的过程中也存在一些问题，其中最重要的一个问题就是比较容易受到外界环境因素的干扰，从而使其输出功率变得不稳定。光伏发电并网后必将会影响到配电网系统，尤其是对配电网保护装置会产生较大的影响。

配电网保护主要包括下述几种情况。第一种是三段式电流保护，该种保护方式在配电网中应用的范围最广，也是最常见的一种保护方式。熔断器、断路器等电力设备可以采用该种保护方式；第二种是馈线自动化，现在我国已经有部分地区开始使用该种保护方式。在实际应用时需要多种具有自动开关功能的电力设备的支持；第三种是配电网自动化，该种保护方式的实现与通信网络技术的发展有着密切的关系。相比于上述两种保护方式来说，该种保护方式对技术方面的要求比较高，需要的投入比较大。我国只有少数的配电网采用的是该种方式。但配电网自动化的发展将为智能配电网的实现奠定基础。

会对线路保护误动作产生一定的影响。我国建设的配电网中都没有方向性元件，这主要是因为我国的配电网采用的单侧电源供电的方式。将光伏发电并网到配电网中以后，配电网供电方式将会发生改变，变成了双侧电源供电。光伏发电系统中的电流流向是固定的，即从负荷侧流向系统侧。如果是在配电网保护装置的下游接入光伏发电系统，那么不管故障发生的位置在何处，配电网保护装置中必定会有故障电流通过。但上面我们已经介绍了配电网保护装置是不会分辨方向的。在这种情况下，如果配电网保护装置的电流额定值比故障电流小，配电网保护装置必然会出现相应的动作，继电保护装置没有选择的余地，从而会出现误动作。

会对自动重合闸产生一定的影响。自动重合闸的主要作用是对断路器进行控制。如果在发生故障以后断路器跳闸了，在自动重合闸的控制下，断路器会重新合闸。一般来说，在非全电缆线路中会使用自动重合闸。这主要是为了在发生瞬时性故障时不影响正常的供电。按照国家的相关规定，如果选用的电源为分布式电源，当电网的电源没有了以后，分布式电源要跳离线路。对于光伏发电系统来说，在自动重合闸的控制下，无论哪一部分出现故障，故障都会跳开光伏发电系统。这在一定程度上会增大线路恢复的时间和难度，进而难以在短时内恢复正常供电。

文章首先介绍了传统配电网及光伏发电并网位置问题；然后对光伏发电对配电网继电保护的影响进行了阐述，分别针对电流保护和重合闸的影响，对熔断器重合器及分段器的影响等多个方面进行了阐述。文章采用的保护方案为允许孤岛运行，需要考虑光伏发电系统涉网保护并入配电网后对继电保护的影响，文中也提出了相关的保护对策。

全世界范围内都在大力发展光伏发电技术，发展迅猛。光伏发电系统中多分布式光伏电源并网成为发展潮流时，并网配电网引起的继电保护问题也就越来越多，对配电网保护的影响也就越来越严重，这带来的问题和挑战值得电力工作者重新审视光伏并网问题。高容量大规模的光伏发电电源涉网后必定会影响潮流分布，改变配电网的网络结构，而原有配电网的继电保护问题是基于单电源辐射型结构的保护进行整定，可见，光伏发电涉网保护问题是电网规划及运行维护人员需要重大考虑的一大问题，值得科技工作者进行相关的研究。

二、传统配电网及光伏发电涉网保护位置

传统配电网概述。按照高、中、低压三个等级可以分类配电网的电压等级，低压配电网（220～380V），中压配电网（6kV～10kV）和高压配电网（35kV～110kV）。目前，主要集中于馈线对配电网进行保护整定。我国配电网目前保护配置原则还是针对以单电源辐射网络为主，按照其恒定的潮流方向情况而设计。采用和其他保护相配合三段式电流保护来针对非终端线路。以时间整定的形式来实现保护的选择性进而实现全线路保护。为照顾到经济性，电流保护广泛地应用于传统的馈线保护，通常采用反时限过电流保护来尽快切除靠近系统电源端的故障。对于一般采用定时限过电流保护和瞬时电流速断保护来简化保护配置直接向用户供电的馈线。瞬时电流速断保护整定方便、配合灵活、价格便宜，按馈线末端短路有足够灵敏度原则整定以保护全线。但有时难以达标其动作定值、灵敏度及保护范围，且其受系统运行方式变化的影响较大。一些系统运行方式变化率高的馈线和重要的电缆线路大多选择使用距离保护。保证在非全电缆线路其发生瞬时故障时快速恢复供电应配置三相一次重合闸，大多是永久性故障电缆线路对于自动重合闸装置来说是不适用的。

光伏发电系统涉网保护位置问题。目前并入电网的光伏发电涉网保护的位置有两种情况：一种是光伏系统直接与电网的低压母线连接，可能出现两种情况针对接入方式：（1）所带负荷较大的该低压母线，本地负荷由正常运行时PV和系统一起供电；（2）所带负荷小的该低压母线，正常运行时PV向低压母线负荷和系统同时提供电能。为减少低压母线所带负荷从系统的涉及容量来提PV。另一种是光伏系统和并网系统一起对负荷供电。从高压母线侧接入经变压器。

三、光伏发电对配电网继电保护的影响

光伏发电并网对电流保护和重合闸的影响。三相短路的故障一般最为严重，此情况对配电网的影响也更大，故分析系统涉网严重情况，在系统最大运行方式下发生三相短路时的情况来定义并网系统的保护安全界限。光伏发电涉网保护问题除了针对电流保护之外，配置有重合闸前加速和后加速以及保护电流的电配网，也由此产生自动重合闸问题，当光伏系统发

电电源与并网系统电源之间连接线发生故障导致保护动作后，在自动重合闸重合之前，并网电网仍然与光伏电源联络在一起，光伏电源没有解列，光伏电源就会继续加大故障点的故障电流，因为其继续向故障点供电，并且会导致电弧无法熄灭，并且重合闸重合会使故障点电弧阶跃重燃，甚至无法熄灭，使临时性故障转变成永久性故障，造成巨大损失。退一步讲，发生非同期合闸的可能性还是有的，原因是重合闸动作前的这段时间即使故障点没有使介质绝缘彻底损坏，也可能会对配网和光伏电源造成破坏和冲击，因为光伏发电系统和电网并网并未解列。

光伏发电并网对熔断器重合器及分段器的影响。广泛应用于配电系统、控制系统和用电设备中的熔断器是一种具有结构简单、成本低和操作方便等优点的电流保护器。反时限特性的熔断器电流大则熔断时间短，电流小则熔断时间长。经常采用应用于馈线自动化重合器和分段器配合的方案中。能并在整定时间内动作检测故障电流跳闸。常使用在配电网自动化中的智能化开关设备之一重合器具有控制和保护功能。

为防止事故扩大，通常第一、二次被整定为快速分闸，可以被预先整定重合器的动作程序指分闸动作快速，以消除瞬时故障。重合器后面几次动作都带有时限，以便和分段器进行配合。分段器开关设备在失压或无电流情况下是可以自动分闸的。有电压——时间式、过电流脉冲计数型这两大类。它在配电网中用于隔离线路区段。

四、光伏发电并网配电网保护对策

针对孤岛运行的保护方案概述。光伏发电涉网系统后，可能会破坏原有保护之间的配合，导致无法正常动作。对于配电网的继电保护和安全自动装置，现有光伏发电系统涉网保护方案是在对于发生故障的配电网，采取相关处理对涉及电网的光伏电源，处理方案有两大方面：当并网的配电网发生故障时孤岛运行和有计划的孤岛运行。将从电网解列或者由反孤岛保护光伏电源就在保护动作之前将光伏电源退出电网在保护动作之后。

保护对策的研究。文章采用允许孤岛运行的保护方案。这样做的目的就是为了更好的实现光伏发电系统涉网保护实施方案。依据前面概述及分析针对孤岛运行的保护方案，考虑导致配电网的保护方案及光伏发电系统涉网保护方案都有哪些影响。为实现有效的保护措施，介绍一些可以应用的保护方案。

依托通信系统的保护方案；微电网条件下的保护方案；基于广域测量系统的保护方案。从以下几个方面可以进行研究。基于重合闸前加速和电流保护配合的保护方案的改进；改进基于重合闸后加速配合电流保护的保护方案；改进对配置熔断器保护方案；改进对重合器和电压—时间式分段器配合原则；改进对距离保护；改进对反时限过电流保护；研究基于纵联保护的方案。

针对目前主流的保护方案，主要包括提出了以广域测量系统为基础的保护方案，依靠通信系统和以微电网为条件的保护。之后改进现有配电网原有保护配置。分类概述方法是依据将含有光伏电源的配电网的保护方案是否允许孤岛运行，孤岛的形成模式以及事先解列点的选择方式进行描述。

综上，在光伏并网系统位置处加装每条馈线保护的方向元件，使保护具有选择性，在靠近电源侧首端保护。保护当线路发生故障动作跳闸后，光伏系统和系统电源断开电气联系的从电网退出运行。准确定位故障区位通过广域测量系统收集多点保护动作信息，防止保护误动。以减少停电范围，提高供电可靠性为目标，如果是永久性故障发生，则故障点下游的光伏发电并网系统以短时间断供电模式形成孤岛，带部分负荷稳定运行。

文章通过分析光伏发电系统涉网保护技术在配电网领域的应用，详细阐述了大容量高配比的光伏电源并网会对配电网的继电保护装置和电网的安全自动化装置带来的影响。如光伏电源并网配电网后给电流保护与重合闸、熔断器、重合器与分段器、距离保护以及反时限过流保护所造成的不利影响。文中所述，对光伏涉网保护方案论述允许采用孤岛运行方案，建议考虑并网钱光伏发电与欲接入配电网需要容量的配比关系，进一步地提出了相关的保护对策。

第六节　基于 EPON 通信探析智能配电网馈线差动保护

传统的配电网保护以及馈线自动化已经无法满足智能电网的自愈要求，需要采取更加有效的保护措施。文章以电流差动保护为基础，结合 EPON 通信，提出了一种适用于智能配电网的差动保护装置，实践证明明，基于 EPON 通信的差动保护装置可以准确动作，满足配电网对于差动保护精度和动作时间的要求，具有良好的可行性。

随着社会经济的发展，人们的生活水平不断提高，也使得社会对于电力的需求不断增加，各种先进技术的应用，带动了智能电网的不断建设和完善，极大地提高了电网供电的安全性和可靠性。但是，在智能电网飞速发展的情况下，传统的配电网保护以及馈线自动化暴露出许多的不足和问题，无法满足智能电网的自愈要求，需要进行改进和创新。本文基于 EPON 通信，对智能配电网的馈线差动保护进行了分析和探讨，希望可以对以上问题进行解决，促进智能电网的安全稳定运行。

一、智能电网与 EPON

智能电网，就是电网的智能化，是指以集成的、高速双向的通信网络为基础，结合先进的传感技术、测量技术、设备技术以及控制方法等，实现电网的安全、可靠、经济、高效运行。智能电网的主要特征，包括激励、自愈、抵御攻击等。可以有效提高电能质量，实现不同发电形式的接入，实现资产的优化配置。可以说，智能电网是电网建设发展的必然趋势，对于我国电力行业的发展有着至关重要的作用。

EPON（Ethernet Passive Optical Network）指以太无源光网络，是一种新型的光纤接入网技术，采用点到多点的结构，无源光纤传输，可以在以太网上提供多种业务。该网络在链路层上使用了以太网协议，而在物理层方面则采用了 PON 技术，利用 PON 的拓扑结构，实现了以太网的接入。因此，EPON 可以说综合了以太网和 PON 技术的特点，如成本低、带宽高、扩展性强、服务重组灵活快速等，而且具备以太网的兼容性，管理方便。

EPON 网络主要由中心侧的光线路终端（OLT）、用户侧的光网络单元（ONU）以及无源光分路器（ODN）组成，EPON 中在一根纤芯上传送上下行两个波段。在下行方向，数据传输由 OLT 到 ONU，则 OLT 发送的信号会经过一个 1：n 的无源分光器，然后达到各个 ONU；在上行方向，一个 ONU 发送的信号会直接到达 OLT。为了避免数据之间的相互冲突，提高网络的利用效率，上行数据传输时，采用的是时分多址接入方式，同时通过 OLT，对每个 ONU 发送的数据进行仲裁。

二、基于 EPON 通信的智能配电网馈线差动保护

差动保护。差动保护是依据基尔霍夫电流定理工作的，当变压器正常工作或者区域外故障时，将其看作理想变压器，则流入变压器的电流与流出的电流相等，差动继电器不动作；当变压器内部故障时，两侧或者三侧向故障点提供短路电流，差动保护感受到的二次电流和正比于故障点电流，则差动继电器动作，对相应的设备进行保护。同时，如果差动保护区域内存在无条件接入的 T 接分支线路，则分支线路中配电变压器产生的合闸励磁涌流很可能会引发差动保护装置的误动，因此需要设置相应的二次谐波励磁涌流识别判据。

从目前的发展情况看，采用国际标准化组织（ISO）/IEC 8002-3 帧格式的 IEC 61850-9-2 保温具有良好的灵活性、开放性和扩展性，可以组播传送，因此在 EPON 上能够实现。因此，这里采用 IEC 61850-9-2 传输差动保护 SV，每个工频周期采用 80 点。

IEEE 1588 V2 时钟同步在 EPON 的应用。要确保差动保护的有效性和可靠性，必须采取相应的措施，保证采样数据的同步。目前，高压输电线路中的光纤差动保护，在数据同步中采用的是"乒乓法"或者 GPS 同步法，前者是在通信收发延时对称的前提下实现的，而基于 EPON 保温的传输延时较大，而且收发不对称，因此并不适用。而后者需要安装专用的 GPS 接收装置和天线设备，对于处于室外环境下的智能配电网而言，不仅施工困难，成本较高，而且存在一定的安全隐患，因此同样不适用。针对这种情况，在充分考虑可行性和经济性的前提下，这里选择了一种以 IEEE 1588 V2 时钟同步协议，实现 EPON 差动保护采样同步的方法，通过相应的措施，克服了 EPON 系统延时不对称对于数据同步精度的影响，使得数据同步精度能够满足差动保护的要求。

基于 EPON 的差动保护。为了对差动保护装置的可行性和动作特性进行分析和验证，确保差动保护装置功能的有效发挥，这里设计了相应的测试实验。测试需要用到的设备包括：EPON 设备、继电保护测试仪、IEEE 1588 时钟源等。在测试时，将两台差动保护装置分别与两台 ONU 进行对接，以 EPON 为基础，实现保护之间的 SV 交换，然后利用 IEEE 1588 网络对时，实现不同差动保护之间的采样同步。测试结果表明，基于 EPON 通信的差动保护装置，可以准确动作，而且所有的动作点都能够满足精度要求。在考虑继电器固有动作时间的前提下，差动保护装置的保护最长动作时间也仅为 34ms，可以充分满足差动保护速动性的需求。

以智能配电网中合环运行的配电线路为例，对差动保护装置的应用情况进行简单分析。在配电线路中，差动保护装置位于馈线的开关位置，由相邻的开关构成一个个差动保护区域。当馈线分段开关之间存在 T 接分支线路时，如果条件允许（有保护电流互感器，且具备安装差动保护装置的空间），则应该安装差动保护装置，同时确保其与主干线的相邻的分段开关共同构成三端差动保护，对支线线路进行保护，确保线路的运行安全。如果分支线路没有安装差动保护装置的必要条件，则应该采用熔丝保护，由主干线相邻分段开关之间构成不完全差动保护。

另外，为了避免分支线路故障引起的差动保护装置误动，需要采取以下处理措施：（1）结合具体情况，对差动保护的最小动作门槛进行设置，确保其可以躲过分支线的最大负荷以及最大负荷启动冲击电流；（2）将二次谐波涌流闭锁的判断依据投入到差动保护中；（3）如果差动保护的动作存在延时，应该确保延时可以与熔丝时限相互配合。

在实际应用过程中，一旦 EPON 的通信终端或者异常导致某个区域的差动保护装置无法接收对侧 SV 数据，则应该迅速闭锁该区域内的差动保护，直到通信恢复正常后，才能重新开放，以避免差动保护装置的误动。在保护装置闭锁期间，如果区域内出现线路故障，应该由变电站出线的过流后备保护装置，对故障进行切除。将本文提到的 EPON 差动保护与常规的光纤差动保护进行对比，可以看出两种保护装置都可以满足速动性的要求，光纤差动保护的动作时间在 20～35ms，EPON 差动保护的动作时间则为 25～40ms，两者相差不大；从经济性方面分析，光纤差动保护需要铺设专用的保护光纤，因此投资较大，成本相对较高，而 EPON 差动保护则可以复用 EPON 通信网络，成本相对较低，更加经济；从适应性方面分析，光纤差动保护的适应性较差，在线路各侧的差动保护必须采用相同厂家生产的同类型同型号的设备，而 EPON 差动保护采用 IEC 61850-9-2 协议传输 SV，具有良好的适应性，可以实现不同厂家差动保护设备之间的互联互通。

本文从当前智能电网的发展入手，针对传统的配电网保护以及馈线自动化暴露出的不足和问题，提出了一种基于 EPON 通信网络的智能配电网馈线差动保护方案，可以在差动保护动作时，对故障进行准确定位和及时隔离，同时向配网区域的保护控制装置发送命令，实现网络的重构和恢复。相关测试表明，基于 EPON 通信的差动保护装置可以准确动作，能够满足配电网对于差动保护精度和动作时间的要求，具有良好的可行性，应该得到相关部门的重视和推广。

第七节　智能保护器的新型低压配电网运检模式的应用

为了进一步促进我国电力运输的安全性以及稳定性的提高，促进经济利润以及社会效益的取得。电力部门加强了对于智能保护器的运用，并以此为基础构建起新型低压配电网运检模式的构建。本文基于此，主要分析了智能保护器在新型低压配电网运检模式中的运用以及取得的成效，并对如何构建"设备＋信息＋人"的低压配电网新型运检模式进行了探讨。

经济的发展以及城市化进程的推进，使得我国社会生产、生活对于电力资源的依赖性日益提高，在这样的背景之下，为了确保我国社会的正常运行，电力部门加强了对于智能保护器的运用，并以此为基础促进新型低压配电网运检模式的构建，促进了相关效益的获得。

一、新型低配网运检模式采取的措施

近年来，我国社会运转对于电力资源的依赖程度日益提升。在这样的背景之下，我国的电力企业加强了对于智能保护器监测系统的推广、应用，并由此带动了新型低配网运检模式的构建。以长兴县为例，该区在加强对于智能保护器的安装以及运用的过程中，逐步构建起了"设备＋信息＋人"的低压网新型运检模式。事实上，该模式的构建不仅需要借助智能保护器的运用，还需要采取其他的措施，对此笔者进行了相关总结，具体内容如下。

加强运检模式部署。为了促进"设备＋信息＋人"的新型运检模式的构建，电力企业还需要加强对于运检模式的部署。在这一过程中，一方面需要加强对于综合管控小组的成立，并以此为核心促进智能保护器工作的策划、监督、考核等工作的有效开展。一般而言，该小组的成员均为一线电力技术人员。这种设定的好处就在于能够确保后续工作的专业性以及科学性。另一方面，电力单位还加强了对于指标分析通报的开展。除此之外，为了确保各级员工的工作主动性及积极性，电力单位还加强了对于智能保护器劳动竞赛活动的开展，并将相关成绩并入到年度绩效考核之中。

促进运行维护技能提升。为了进一步促进新型运检模式的运行，电力单位还需要加强对于电力人员技能的提升。在这一过程中，一方面需要加强对于电力人员的专业培训，为了确保培训效果，电力单位往往需要构建起施工、运行以及系统管理的三级培训体系。另一方面，加强对于技术网络的构建。一般而言，这种网络系统的构建能够实现电力技术的交流以及学习，使得电力人员能够在宽松、自由的环境中掌握相关的技能，促进整个电力团队运检能力的提升。

加强管理体制的建立与完善。此外，为了确保新型低配电网的有效运行，以及相关作业的质量以及效率的提升，电力单位还需要加强对于管理体制的构建。在这一过程中，一方面需要促进考核机制的构建，并结合实际状况促进现场稽查以及考核力度的提升。另一方面加强排查机制的优化改革，促进网格化、专业的排查治理机制的构建，并以此依托促进"三级排查"网络的形成，带动考核工作的有效开展。

二、基于智能保护器的新型低配网运检模式的运行效益

随着智能保护器在农村低压配电网中的不断运用，使得低配网运检模式获得了有效的开展，并促进了电力企业的经济利益以及社会效益的取得。据悉，智能保护器的广泛运用，使得低配网运检模式逐渐朝着信息化、智能化、科技化的方向发展，并促进了低压配网"设备＋信息＋人"的管理模式的构建。关于基于智能保护器的新型低配网运检模式的运行效益，具体内容如下。

实现设备巡视可的视化。相关的电力实践显示：通过促进基于智能保护器的新型运检模式的构建，能够有效地突破传统的电力巡视模式，使得电力人员能够借助信息化、智能化的巡视平台，实现对于电力系统实时监测。一般而言，该模式的形成能够确保电力设备出现缺陷或者故障时发出警报信息，继而帮助电力人员对相关问题进行及时的解决，促进用电安全以及平稳。二是实现了实时跟踪巡视，目前，当智能保护器经过人工试跳操作之后，系统会默认为巡检，这种设置的优点就在于能够帮助管理人员对系统的巡检到位情况进行直观的了解。事实上，随着基于智能保护器的低配网运检模式的实施，低配网的问题也日渐显露出来，因而相关技术人员只有加强对于漏电点的排查以及处理，才能促进电力系统的安全运行。

故障抢修主动化。此外，通过对子"设备＋信息＋人"的新型运行维护模式的构建，能够将电力系统与生产信息以及营销等系统的联合，并以此为基础实现了对于业务数据的分析，最终实现了电力人员对总保跳闸闭锁的情况进行第一时间的了解。

一般而言，当电力事故出现之后电力单位可以采取"主动式"工单派发的方式，将电力故障的信息推送至配电网抢修平台之上，随后在该平台上构建起内部"主动抢修"工单，促进电力抢修工作的有效开展。另外，电力单位还加强了"个性化"短信的订阅，继而以此确保电力人员对于电力异常及故障状况的了解。掌握低配网的运行状况。

异常处理流程化。事实上，通过对于该种运检模式的构建，电力单位实现了对于总保设备的全天候管理以及监测。并对出现的电力异常状况信息进行推送，确保相关问题得到有效解决，减少故停电故障的发生，其次就是通过构建起异常处理严格闭环，加强异常处理与现场信号之间的关键，确保异常问题处理完毕，异常信号才得以消除，促进电力故障的妥善解决。

实现故障排查科学化。此外，该运检模式的构建以及运用，能够加上对于电力数据的监测，从而在此基础之上实现针对性的组织抢修，带动抢修效率的提升以及抢修时间的缩短。

通过对于新型低配网运检模式运行的数据统计显示：自从该类型的运检模式得到实施之后，长兴县的电力抢修单量同比下降了 42.78%，而故障平均修复时间则呈现出下降的趋势，下降的比例也是高达 15.23%。通过对于这组数据的统计、分析可以得知，随着基于智能保护器的新型运检模式的运用。电力部门加强了对于运行维护、抢修作业质量以及效率的提升，促进电力服务水平的提升。

为了进一步促进我国电力系统的高效运行，电力部门加强了对于基于智能保护器的新型低压配电网运检模式的应用。本文基于此，主要分析了新型低配网运检模式采取的措施（加强运检模式部署、促进运行维护技能提升以及加强管理体制的建立与完善），并对基于智能保护器的新型低配网运检模式的运行效益进行了分析，笔者认为随着相关措施的落实到位，我国的电力系统必将获得长足的发展，并以此为基础促进相关的经济效益以及社会效益的取得，促进我国社会的发展。

第七章　智能配电网控制技术

第一节　主动配电网潮流调控技术

主动配电网是实现大规模间歇式新能源并网运行控制、智能配用电、源网荷储友好互动等电网优化运行关键技术的有效解决方案。文中简单介绍了主动配电网的概念及其能量管理模式，详细归纳了主动配电网中可参与潮流调控的单元与运行特性，并进一步对主动配电网的潮流调控技术进行了分析。

随着大规模间歇式新能源并网运行，传统简单的通过无功补偿来降低网损和提升电压的控制已然不能适应当前的需要，特别是储能装置、可控负荷等新元素的并网，使得配电网中可控单元大大增加。

2008 年国际大电网会议（CIGRE）配电与分布式发电专委会（C6）的 C6.11 项目组在所发表的"主动配电网的运行与发展"研究报告中明确提出了主动配电网（Active Distribution Networks，ADN）的概念。ADN 的基本定义是：通过使用灵活的网络拓扑结构来管理潮流，以便对局部的分布式能源进行主动控制和主动管理的配电系统。在这些研究构想下，传统配电网将逐步被动管理的模式向主动管理模式过渡，相比于被动管理模式下的传统配电网，ADN 可参与潮流调控的元素与手段更加丰富，其中的可控单元包括分布式电源（distributed generation，DG）、储能装置、无功补偿设备以及可控负荷等等。上述设备的综合优化控制将能够有效调控配电网内的有功无功潮流，对系统运行进行合理的优化，降低系统的损耗，提高电压质量，从而保证较好的经济性。

本文将先从宏观上分析 ADN 的能量管理架构，进一步对 ADN 中的各种可控单元及其运行特性进行梳理与总结，主要包括 DG、储能装置、无功补偿设备以及可控负荷等，同时明确各类可控单元在 ADN 潮流调控中的职能，最后从有功经济调度、无功电压控制以及有功无功协同调控等方面对 ADN 的潮流调控技术进行了分析。

一、主动配电网能量管理

针对配电网的被动管理方式，主动管理的概念被提出来，其也是 ADN 的核心思想，就是在对配电网二次系统参数实时测量的基础上对可控单元进行实时的监测与控制，从而优化潮流分布。而主动管理由于是需要涉及全局信息的采集以及优化，因此需要依赖一个上层的能量管理系统来进行资源整合以及调配，这就是 ADN 的能量管理系统。

　　ADN 的能量管理系统是主导配电网的大脑中枢，用以得出全局优化的有功功率控制策略和无功功率控制策略，实现 ADN 全局优化能量管理。能量管理系统的功能包括信号采集、优化分析、调度控制、数据储存等，其主要通过量测单元获取 ADN 下属各可控单元的实时状态，通过优化分析对全局的有功无功潮流进行优化从而得到各时间断面乃至后续一段时间的优化控制策略，并下放控制指令对各可控单元进行调度与控制。

　　各可控单元则具有不同层面的主动管理措施，可主动地参与系统的潮流优化。其中 DG 可以主动调节功率因数以及削减出力，储能装置可以根据运行工况分为充电与放电状态，分组电容器的投切已经动态无功补偿设备的无功出力同样由能量管理系统统一控制，此外计及可控负荷的响应能力，使其同样主动参与系统的调节。

二、主动配电网中的可控单元简介

　　分布式电源。目前发展得较为成熟，且在配电网中应用得比较广泛的 DG 形式主要有风力发电、光伏发电、小水电、微型燃气轮机等，DG 分布式地接入配电网，可以为配电网提供部分的有功，减少配电网由上层电网下送的功率，同时风、光、水等清洁能源的有效利用将对节能减排工作提供助力。

　　储能装置。储能技术的应用不仅能够解决新能源并网波动的影响，同时给 ADN 提供了相应的蓄电能力，ADN 根据负荷的要求、系统的特性以及要求的技术性能和经济指标不同，可对储能装置实行不同的控制策略。储能装置既可以响应系统的动态变化，也满足负荷调节（调峰），在系统故障的情况下甚至可以局部配电网转孤岛运行，储能做紧急电源使用。

　　无功补偿。分组电容器。分组电容器是传统的配电网无功补偿手段，在 ADN 中同样需要依赖分组电容器来做基本的无功支撑，仅是从控制的角度进行调整，电容器不再是固定补偿（不控）或是采取单独控制的模式。而是交由 ADN 联合全网设备进行统一调控。

　　D-STATCOM。D-STATCOM 是输电系统中的 STATCOM 应用于配电网的形式，以配电系统无功补偿和电能质量控制为主要目标，能够连续动态地调节设备向系统侧注入的无功功率。相比于分组电容器补偿，DSTATCOM 具有更灵活的无功调节能力及调节范围，必要时还可以吸收系统侧的无功功率。

　　可控负荷。可控负荷大部分指温度控制型负荷，如空调、电热水器、电冰箱等，对温度控制型负荷的调度则须在电力用户可以接受的范围内进行，对于居民配电网来说这部分负荷量较大，因此通过调节其响应参与配电网优化运行的潜力很大。此外，电动汽车由于其充电行为也具有一定的灵活性，可以在一定政策下服从电网的有序充电调度，因此也可以认为是可控负荷的一种形式。

三、主动配电网潮流调控技术分析

　　主动配电网的潮流调控就是整合 ADN 中的全部可控资源，进行全局的潮流优化控制。主要涉及有功经济调度、无功电压控制以及有功无功协同调控这种高级应用形态。

　　主动配电网有功经济调度。ADN 为保证系统运行的经济性，降低系统的有功网损，对可控单元有多种主动管理措施，包括：

DG 削减有功出力。当局部配电网负荷较低，且 DG 出力已超出局部配电网需求的情况下，通过主动削减 DG 的有功出力可以避免逆向潮流问题，避免额外产生的网损，降低系统运行风险。

其次当 DG 出力较大引起部分节点的过电压问题时同样可以由能量管理系统进行综合优化，考虑削减 DG 出力以防范过电压问题。

储能充放电策略。通过控制储能的充放电策略一方面能够辅助系统的削峰填谷，其次能够有效响应负荷需求，平衡局部的电能供需。

可控负荷的响应。可控负荷工作方式灵活可控、空间分布广泛、时域便利的负荷，由电力公司直接控制或者利用经济措施诱导可以有效调整用户侧的负荷曲线，在系统负荷高峰时降低可控负荷的使用，而反之在低谷状态鼓励可控负荷接入，同样可以起到削峰填谷的作用，增强系统运行的经济性。

主动配电网无功电压控制。主动配电网的无功电压控制是传统无功电压控制问题在 ADN 中的延伸，主要有以下两方面：

无功补偿设备调节。传统配电网无功控制大多仅依赖分组电容，延伸到 ADN 中则要求离散型与连续型的无功补偿设备均要有效参与系统潮流调控，同时各装置不再单独运行而是由 ADN 能量管理系统进行统一调控。

DG 功率因数调节。通常为了有效利用可再生能源，DG 采取纯发有功的模式，而主动管理模式下，要求 DG 类似主网的发电厂应能做到功率因数可调节且交由能量管理系统进行控制，在必要情况下应主动向配电网提供无功支撑，兼顾配电网的电压控制。

主动配电网的有功无功协同调控。配电网中有功与无功潮流耦合性较强，更高级的潮流调控形态就是基于能量管理系统进行全局的 ADN 有功无功协同调控，整合各类可控单元在全局优化的基础上进行全局设备控制策略的优化，从而实现降低配电网网损，提高配电网电压质量的目标，实现 ADN 的经济安全运行。

ADN 可以说是"智能电网"的重要组成部分。AND 将使得电力用户能够参与电力市场互动，并可提高能源的利用效率和改善配电网的性能，相比于被动管理模式下的传统配电网，ADN 可参与潮流调控的元素与手段更加丰富，通过能量管理系统综合优化控制，可实现 ADN 的全局优化运行。ADN 是未来配申网建设的发展方向。

第二节　智能配电网自愈控制技术

智能配电网自愈控制技术作为一项新型电力建设技术，在电网建设过程中，不仅可以有效缓解配电网运行与电力需求之间的矛盾，而且能够提升电网的运行效率，降低电网的建设成本。简要地阐述了智能电网自愈控制过程及条件，并就智能配电网自愈控制系统的关键技术进行了深入的分析，提出了智能配电网自愈控制技术的应用。

随着中国科技的不断发展，智能配电网自愈控制技术作为一种先进的电力技术随之得到了迅速的发展，目前已成为中国电力建设过程中的核心技术之一，具有自我感知与恢复的特点，能够方便人们掌握配电网的运行状况及故障，且可以根据自主诊断与恢复故障为人们带来较大的便利。通过笔者的工作实践，着重就智能配电网自愈控制技术及应用进行探讨。

一、智能配电网自愈控制概述

智能配电网自愈控制是指通过在不同的配电网区域进行协调，实现技术指标和经济指标的优化的一种控制方法，具有自动恢复、诊断和感知配电网等能力，能够确保配电网的安全稳定运行，提升电力企业的经济效益。在配电网运行过程中，智能配电网自愈控制实现了配电网系统的优化、监控和预警。如果发生故障，可利用自愈控制技术进行故障定位、隔离处理，以便及时恢复供电。

启动故障：如果启动分闸加保护功能，自动化主站检测到保护动作信号，将会启动故障分析功能。

故障定位：在 A1 和 A2 开关中，如果系统能够检测到过流信号动作，其他的没有过流信号动作，说明故障区域位于 A2 与 A3 之间。

隔离故障：在确定好故障区域以后，应及时断开 A2 和 A3 开关。

恢复故障：先合上 S1 开关，恢复上游供电，再合上 A6 开关，恢复下游供电。如果下游恢复方案众多，系统就会对下游恢复方案的先后顺序进行分析，以选出最优的下游恢复方案。

配电自动化作为自愈控制技术的前提条件，智能配电网要想具备自愈控制技术，则应具备以下几个条件：①实现开关设备和终端设备的智能化目标；②具备分布式电源或双电源，确保网络拓扑结构的可靠性和灵活性；③确保网络通信具有较高的信息能力和可靠性；④主站系统要具有智能化功能，包括自动预警、评估、计算、分析等。

与传统的配电自动化技术相比，自愈技术能够提升主站功能系统，其分布式电源接入具有灵活性，能够满足系统的运行要求。

二、智能配电网自愈控制系统的关键技术分析

故障隔离技术与网络重构技术。智能电网在运行状态下具有故障隔离与网络重构功能，此功能是一种自愈控制技术，确保在系统内部发生故障时迅速恢复配电网的运行。其中，自愈控制技术主要分为集中控制与就地控制两个架构，它们之间具有一定的协调性，通过利用保护装置来及时切除故障。而网络重构技术是利用计算和优化能力进行系统分析、计算，在执行时需要花费较长的时间，但它能够采用不同的控制方法对系统进行优化，实现良好的经济、技术控制效果。

大面积停电恢复技术和关键负荷保障技术。这两种电网自愈控制技术主要分为以下技术：配电网内部发生故障时所使用的被动解列技术；在配电网外部发生故障时所使用的主动解列技术；当故障发生以后所使用的恢复局部供电的技术和智能配电网的电压控制技术，这两种

技术均以网络重构为基础,即在极端条件下能够保障智能配电网稳定运行的关键负荷技术和黑启动技术,其中黑启动技术主要以分布式电源为基础。

保护装置控制保护技术。此技术主要包括以下几种:①利用配电网局部信息进行多电源闭环供电,且能够形成网络式保护的技术;②在网络重构之后,保护装置具有自适应控制功能的保护技术;③保护装置之间的保护协调配合机制,其主要以局域信息为基础,同时还包括一些支撑平台,主要以全局信息为基础;④以电网保护测控一体化终端的技术,以及一些故障指示装置,能够为故障分支提供指示。

故障特性分析技术。此技术能在电网出现故障时分析储能装置、具有故障特性的分布式电源、在外部故障发生以后具有故障特性的微网。其中,电网故障特性易受到系统接地方式、分布式电源类型和负荷性质等因素的影响。

三、智能配电网自愈控制技术的应用

在配电网运行过程中,通过智能配电网自愈控制技术的应用,借助计算机技术和信息技术合理地分析与整理配电网运行中所产生的数据,结合相关数据对电网运行状况进行判断,再利用智能技术加强与电气终端装置的协调,实现电网故障的自动诊断和自动恢复。由于智能配电网自愈控制技术将会涉及众多先进技术,包括配电系统中仿真技术与模拟技术、分布式计算机技术和保护装置的协调技术等,从总体上来讲,在配电网运行过程中,智能配电网自愈控制技术通过将不同的先进技术结合,利用不同技术的优势确保配电网的安全稳定运行,为配电网提供更好的运行服务。从中可以得知,自愈控制技术的实施需要先进的科学技术作为支撑,从而实现对配电网的自动监测、诊断、恢复。

智能配电网自愈控制技术的实施方式及实施效率得到了进一步的提升,在智能配电网自愈控制技术的应用过程中,通过各项先进技术的结合应用,及时了解配电网的运行状况及故障。自主诊断与恢复故障的内容如下:①配电网系统仿真技术的应用。仿真模拟技术作为配电网应用分析中的一种技术,是由多个实时分析软件组成,这些软件以配电网为服务对象,通过这些软件的应用实现了电网运行数据的整理、分析,达到了故障定位的目的;②在线监测技术的应用。在智能配电网的运行过程中,通过在线监测技术的应用,实现了电气量的测量及非电气量的监测,比如通过测量水含量,以此来判断电气设备的潮湿度,同时还可以通过测量的方式,掌握好智能配电网的运行状态;③在线分析技术的应用。通过自愈控制技术中的在线分析技术,可合理地分析电网的运行状态,及时掌握电网的运行状态,且还可以对相应的评估结果进行二次分析,根据配电网运行中的设备故障采取有针对性的解决措施。

综上所述,自愈控制技术在智能配电网中的应用能够有效提升配电网的运行效率,确保配电网的安全稳定运行,同时,近年来随着自愈控制技术的迅速发展,其技术得到了不断完善,在电力工程项目建设中得到了推广,相信将来此技术会成为电力建设技术新的发展趋势。

第三节　智能配电网调度控制系统技术

随着城市化电网逐渐地发展与完善，科学技术与配电网的系统技术相互融合，形成了智能配电网，智能电网的出现能够有效提升城市电网的管理效率，构建电网调度控制系统是电网发展的必然趋势。文中对于智能配电网调度控制系统技术方案的构建进行分析，提出合理的方案措施，以促进智能配电网调度系统控制系统的发展。

现如今在社会中人工智能化得到了极其广泛的应用，基本上智能化的发展已经改变了我们的生活。与此同时，电网工程涉及领域广，涵盖了各种信息技术。其中在智能化发展过程中其自动化得到了一定的发展和改进。其发展过程中形成了分阶段的产物。其中配电网的自动化工程就是其中的产物之一。人工智能在电气化中的应用让配电网工程得到了长足的发展。它有利于配电网作业中减少手工操作量，节省工作人员的工作劳动力，机器的运转过程中不仅能够进行自动化的控制，还能进行调整加速，不管在精确度还是产值方面都能达到最佳水平。

一、配电网智能调度关键技术

配电网运行技术评估。在不同的时期，对于配电网的运行技术而言不同的调度计划在一定情况下可能会影响配电网的实际运行情况。因为在实际的工作中，智能调度有很大的差异需求，每种配电网的自动化标准中电网信息化以及互动化都会有不同。所以，在调度智能化时，在评估电网时其中心在于能够准确地评估，并且在评估的过程中，电网的安全性能以及各种经济性要将其紧密地结合起来，但是这其中的每一个指标实际上又是相互在影响的。所以，在这个过程之中，在配电网实际运行时就要着重了解其运行情况，在这之后就对运行状态中的变化趋势进行分析，从而达到目标与层次之间的相互协同，从而建立评估模型指标。因为在配电网的调度阶段根据作用类型的不同，其评估指标等就需要进行不同的配备，从而将评估方法进行配合，这样才能够满足整体的评估要求。

配电网络、电源及其负荷协调技术。重新配置网络和无功电压进行科学的控制时，如果电路径改变，功率流调度应保证其安全地运行。在电网的运行中有不同的基本特征，因此，分布式发电网络在被操作过程中，电源网络本身可以具有分布网络中的多源模式。因此，在该过程中，分布式发电，有必要补充配电网。另外，对于功率流的调度的空间可被进一步增加。同时，对个别的存储设备来说，因为电源有不可控和各种其他的因素，所以对于配电网而言其能量可以平衡到某种程度。在过去的一段时间里，在对配电网进行调节中负荷用户能够对其进行直接的调节，从而在一定情况下能够在满足电网终端的情况下使得其用能效率的增加，在此同时，在控制微电网时，智能网对功能的要求达到满足的状态。总而言之，就考虑配电网的各种负荷特点以及发电方式。这样在一定的处理方式上就能够实现各种配电网络之间的相互协调，从而在一定基础之上整合好配电资源并且对于调度的需求进行满足。

智能电网网架结构。在设计智能电网时，为了在使用过程中能够很好地对供电系统的可靠性进行提升，那么就需要分析以下的几个方面：

第一个是中亚的配电网的建议。当在线路积极调整的负荷出现一定的压力时，有必要能够缓解线路设备的电源压力。比如，在调整负荷区域的供电压力时要能够做到及时的解决，确保在电网线路中能够实现电网负荷的平衡。

第二个就是在配电网中改造电网的网络构架。在网架结构中要规范对其的配置，在线路中对于典型的线路要分析它们的接线方式，并且在一定的程度上对于简单运行的线路要去掉其冗余部分，从而让配电中的设备能够在运行过程中得到安全的保证。实现安全的运行。

第三个就是控制智能电网的调度，在对配电网的结构进行不断的改革和升级过程中需要对其引起一定的注意，因为电网改革的基础就是实现主网的结构，如果在运行过程中没有电网结构不能出现合理化的配置，那么对于线路的改革就不能从根源上对其进行解决。在实际的改革过程中，在控制和调度配电网时，对于城市的电网建设要有足够的充分尊重，并且在设计时要能够结合具体的生活实际，从而对电站的站点进行合理的过程优化。

二、智能配电网中新能源应用技术的展望

含微网的智能配电网系统。在配电网络系统中，分布式接入到电源时，有两种接入方法：第一种方式是，可采取的方法是在并行地操作；第二种就是在运行时独立运行。对于不同的电源其在接入的过程中采取的接入方式会不同，所以在此过程中就会有不同的影响产生。在并网的方式中，如果配电网中接入分布式电源，那么在运行过程中就会对配电网产生实际的影响。供电部门在运转中无法充分利用其优势。如果某个传统电网可以在发电模式开发的网络解决方案组合，这些现有的缺点不会在分布式电源存在。

对于联网方案而言，主要的步骤有以下几步：第一步就是输出分布式电源，然后在此过程中将直流变为交流，并且还能够同步交流网；第二个步骤是，输出以交替的方式进行，分布式电源通电时将其转换为一个特定的电荷；第三步是电网在隔离大电网的过程中是在操作系统中以一个独立的状态分离。

光伏电源在智能配电网中的应用。在不同的领域中都有光伏电源的应用，其应用过程中能够利用综合的能源资源，在应用配电网的情形下，主要就是以光伏申源的分布式为主要，在配电网中为了提升装置的一致性，从而避免了误操作。对于这种配置，电源主要安装在先前所述保护装置和在一侧上的管路系统。设置分配网络设备时相同设备是必需的。同理，在光伏电站上也是一样的，光伏电站连接智能配电网络后，有必要实现在分配网络系统的保护要求。比如，并线网中采用的电压为35kv时，就要在一般的情形下进行距离保护，如果线路一旦出现短路，就需要差动距离来进行保护。

综上所述，随着科技的不断发展，智能配电网调度是电网系统发展的必然趋势。智能配电网调度控制系统的方案构建，在建立系统框架基础上，实现不同功能区的一体化运用与一体化建模。

第四节　智能配电网调度控制的总体框架

目前，人们对电力资源的需求量逐渐提升，要想保证配电网运行的稳定性以及有效性，就需要将智能化手段应用在其中。基于此，本文将分析智能配电网调度控制系统的总体框架，其中主要包括智能配电网调度控制系统的整体架构以及智能配电网调度控制系统的一体化建模。并研究智能配电网调度控制系统中的技术方案设计，其中主要包括信息集成技术、二次安全防护技术、大数据采集技术、馈线自动化技术、GIS 技术、配电网智能分析技术。

随着时代的发展，科学技术逐渐应用在人们的生活中，电力资源是人们正常生活的基本条件，在此过程中，要想保证我国配电网的应用质量，最有效的方式就是应用智能配电网调度控制系统。该系统在实际应用过程中能够提升配电网运行的智能性、安全性以及可靠性，具有较高的实际应用价值。智能配电网调度控制系统与传统配电网调度控制系统相比具有较高的应用价值，本文将重点对智能配电网调度控制系统中的应用技术展开研究。

一、智能配电网调度控制系统的总体框架

智能配电网调度控制系统的整体架构。智能配电网调度控制系统在实际设计过程中主分为四部分，能够对不同区域展开优化，其中一区和二区能够对地方电网展开优化，同时一区以及二区也是其中最基本的调度方式。三区主要负责度调系统展开管理，四区是其中的生产管理系统。其中一区在实际应用的过程中能够实现馈线管理以及拓扑管理等功能，三区中能够实现报修功能、计划性停电、故障判断以及统计分析等功能，在四区中能够实现信息集成。由此可以看出，在智能配电网调度控制系统设计的过程中，每个区域对应的功能以及内容都不同，各个系统在实际应用过程中需要根据实际需求情况，制订相应的建设方案。

智能配电网调度控制系统的一体化建模。智能配电网调度控制系统中的一体化建模主要包括以下几点内容：

第一，智能配电网调度控制系统一体化建模技术，为了保证智能配电网调度控制系统能够正常运行，在此过程中需要建立电网高、中、低网络拓扑模型，其中高压模型主要负责对系统展开调控，利用公共信息模型或者电网通用模型，展开信息接入。其中中、低压模型主要在 GIS 平台的基础上建立，利用 CIM 以及 XML 的数据文件展开信息接入。由此可以看出，智能配电网调度控制系统中一体化模型的建立，就是将中、低压模型以及高压模型展开拼接，将其中的拼接功能允分体现出来。另外，除了这种方式之外，系统还具备图库一体化的建模方式，与数据库的模型较为同步。

第二，智能配电网调度控制系统的监控以及抢修，这种方式主要是为了提升智能配电网调度控制系统的安全性，在一区中，安全管理重点是中压设备的应用，三区的重点是低压用户的应用安全。在分析全网拓扑应用的过程中，需要在全网模型的基础上采用实时数据展开

划分，这是智能配电网调度控制系统在实际应用中的核心内容。在全网分析的过程中，需要对一区、三区展开协同分析，一区主要负责开关到变压器中的拓扑分析，三区主要负责变压器到用户的协同分子。这种方式能够保证数据协同分析的全面性以及实时性。

对智能配电网调度控制系统中的中压故障展开处理，一区主要负责收集智能配电网调度控制系统中的故障指示信号、进线开关、断路跳闸等，根据其中的信号模型展开分析，这种方式能够将故障确定在一定区域中，同时展开故障隔离。同时将故障信息传输到三区配电网中，该系统主要负责对故障展开抢修调度，其中的停电模块根据一体化的电网模型，对停电设备、停电用户、停电区域以及停电时间展开分析，帮助抢修决策。

第三，对智能配电网调度控制系统的可靠性展开分析，为了保证智能配电网调度控制系统中一区的运行质量，需要对其中业务展开等级分析处理，其中主要包括故障抢修、恢复供电等，在此过程中都需要采用可靠性分析的方式。可靠性分析主要包括智能配电网调度控制系统中负荷损失的分析、保供电的分析、重要用户的分析、停电用户数的分析以及停电频度的分析等方面内容。智能配电网调度控制系统中负荷损失情况主要来源于一区，其他类型的分析主要来源于三区，这种方式能够为负荷转供、抢修等业务提供条件。

二、智能配电网调度控制系统中的技术方案设计

信息集成技术。信息集成技术是智能配电网调度控制系统中的主要功能，能够提升智能配电网调度控制系统的完整性，我国电网公司最近将研究重点放在配电自动化中，在此基础上开展了各种操作实验，其中信息交互主要包括智能配电网调度控制系统交互技术的规范、智能配电网调度控制系统信息交互的一致性测试、智能配电网调度控制系统中的总线功能规范、数据一致性表达等。智能配电网调度控制系统中的第三区域主要负责信息平台建设，在SOA基础上，遵循IEC61970以及IEC61968中的规范标准展开，该种平台的建设具有较强的可扩充性。智能配电网调度控制系统中信息凭条的核心内容就是电网信息资源的整合以及信息服务。电网信息资源整合是对智能配电网调度控制系统中电网设备、用户资源信息的名称，其中主要包括地理信息、电气设备信息、参数信息、电力设备台账信以及图形资源信息等。

智能配电网调度控制系统是一个配电业务系统，通过分析平台接口服务中的相关信息，为智能配电网调度控制系统提供一定的信息支持，同时还能够参与配电网的相关业务。

二次安全防护技术。二次安全防护技术应能够保证智能配电网调度控制系统在实际运行中的安全性，在此过程中，配电终端系统以及调度系统采用单向认证的防护技术，在非对称加密技术的基础性展开身份认证。最终完成对系统参数的控制以及报文的完整性，同时对用户的身份展开鉴别，添加相应的时间标签。智能配电网调度控制系统中安装了相应的安全模块，能够对智能配电网调度控制系统控制命令的参数展开签名，最终达到智能配电网调度控制系统身份鉴别的目的，提升智能配电网调度控制系统在实际运行中的完整性。另外，智能配电网调度控制系统中的配电终端系统、故障指示系统在连接到智能配电网调度控制系统的过程中，必须基于其一定的安全防护措施，并安装国家认证的隔离装置。

大数据采集技术。智能配电网调度控制系统中的大数据采集技术在实际应用中主要存在以下特点：第一，数据采集量较大，采集的效率较低，目前中型采集系统的采集量已经在20万点以上；第二，主站设备与终端设备之间直接通信，其中通信链路的数量随着监控设备数量的提升而增加。在此过程中，由于智能配电网调度控制系统具有多通道、频率低以及多链路等特点，因此在配电网前置通道中主要采用 epoll 多路复用 I/O 技术，该技术在实际应用过程中能够处理大量的信息，是 Linux2.6 中新能最好的通知技术。D5000 平台在实际运行过程中正在研究分布式的数据采集功能，这种方式能够有效提升数据采集的效率，符合智能配电网调度控制系统一体化的要求。该项技术将集群技术、网络技术以及大数据技术应用在其中，能够对智能配电网调度控制系统展开划分，将其分割成几个子系统，各个子系统在实际运行中相互配合，共同完成智能配电网调度控制系统的数据采集工作。

由此可以看出，在智能配电网调度控制系统数据收集的过程中采用分布式数据采集功能，能够有提升数据的处理能力，同时还能够提升智能配电网调度控制系统的扩展性以及可靠性，具有较高的实际应用价值。

馈线自动化技术。智能配电网调度控制系统中馈线自动化技术在实际应用中主要利用通信手段，并使配电终端以及配电主站相互配合，保证智能配电网调度控制系统在出现运行故障时，能够在第一时间采集到相应的故障信息，进而提升智能配电网调度控制系统的整体运行效率。馈线自动化技术是智能配电网调度控制系统中的关键技术，在近几年已经取得了一定的应用效果，但是由于智能配电网调度控制系统的结构较为复杂，因此仍然需要在实施问题的基础上，制订相应的解决方案。

例如，在完善馈线自动化技术的过程中，可以从以下两方面展开：第一，将故障发生的时间以及故障信号详细地记录下来，并根据时间先后的顺序展开制订；第二，将信息信号与终端设备的运行状态相互结合，查阅相关的历史数据，确定其中可能存在的错误信息，以及漏报的数据等。例如，将故障根据所在的环网展开分组，计算其中的隔离方案以及恢复方案。在解决同一环网这种出现的故障时，不能采用直接连接馈线的方式解决。在恢复健全区域供电的过程中，需要根据负荷的重要性划分等级，根据馈线情况、负荷预测以及状态数据等方面制订出较为科学的健全方案。

GIS 技术。GIS 技术在实际应用过程中能够将该区域中的地理背景信息、空间信息以及拓扑信息相互融合，其中地理背景信息主要采用金字塔切片式的方法，将电网空间中的信息展开传输，电网空间信息采用矢量图形的方式，将其中的地理背景信息封装成控件，并对其展开发布。电网拓扑信息模型主要采用 CIM 以及 SVG 等方式对外展开信息发布，GIS 在实际应用中主要的应用方式为两种：一种是 GIS 控件的方式；另一种为在地理资源信息使用的基础上，采用 GIS 平台提供一定的测绘图以及航拍图，但是电网设备走径由相关人员手工绘制。智能配电网调度控制系统中已经提出了"瘦"的空间数据理念，将实时数据应用在其中，建立起相应的 GIS 平台，通过该平台将以上三种类型的矢量信息转化成矢量图形，并将矢量图形切分成金字塔以及电网栅格的形式。

配电网智能分析技术。在对智能配电网调度控制系统展开分析的过程中，主要通过配电网分析软件的方式，该种类型软件在实际分析中应用的最大特点就是能够对大量的数据展开实时处理，确定智能配电网调度控制系统的运行安全与运行状况，根据分析结果制订出相应的优化方案。在此过程中，需要提升智能配电网调度控制系统测量质量，在测量过程中，要从空间、时间维度各方面展开测量，保证智能配电网调度控制系统测量的全面性。其中时间维度能够确定智能配电网调度控制系统未来的变化趋势，空间维度能够提升智能配电网调度控制系统的覆盖面积，利用电量数据以及负荷数据，解决实施数据采集中存在的问题，最终达到提升智能配电网调度控制系统技术方案设计质量的目的。

综上所述，随着人们对智能配电网调度控制系统的关注程度越来越高，如何提升智能配电网调度控制系统的应用质量，成为有关人员关注的重点问题。本文通过研究智能配电网调度控制系统中的技术方案设计发现，对其进行研究，能够有效提升智能配电网调度控制系统的应用效果，同时还能提升其中各项技术的应用质量。由此可以看出，研究智能配电网调度控制系统技术的方案设计，能够为今后智能配电网调度控制系统中技术的发展奠定基础。

第五节 基于智能电网刍议配电网的规划体系

自智能电网出现以后，传统配电网便拥有了新内容，它以智能配电网配合相关设备为核心，逐渐实现了如自动化控制技术、信息数据交互技术以及分布式电源储能技术，这些都有效提高了配电网及其设备的利用率及寿命周期，合理降低了配电网建设投资，也实现了优质电能输出及供电安全可靠性。本文主要探讨了传统配电网在规划体系建设过程中所存在的问题，并给出了基于智能电网的配电网规划体系建设过程。

一、传统配电网规划体系建设中的问题指出

传统配电网规划体系。传统配电网规划体系的主要内容就是基于配电网现状进行负荷预测和技术分析，进而确定配电网网架规划，并围绕规划来确定供电企业年度项目，对项目经济加以分析。从技术角度讲，能够影响电网网架规划的因素有许多，这其中就包括了配网短路电流、远景负荷水平、网架负载率、甚至是配电网规划体系投资可靠性。就目前来看，分布式储能电源已经开始逐步建设，基于它的柔性配电技术、高级配电自动化技术等也逐渐步入深度开发研究进程中，它们都对传统配电网规划起到了一定的技术条件约束，影响相当深远。为此，传统配电网规划体系一定要重视这些影响，指出问题，融入新技术，基于智能电网对网架规划进行重整。

传统配电网规划体系建设中所存在的问题。传统配电网规划编制主要依赖负荷预测结果，配合相应技术方法来确定各级电压配电网中变电站的容量与位置、配电网网络接线模式、变

电站供电区域、线路线径以及无功电源配置方案等等。由此可见，传统配电网规划是由浅入深逐步建设的，首先它基于负荷预测方法来提升预测准确性并引导网架规划过程，然后再基于配电网规划方法来计算供电成本，基本确定网架规划流程，但实际上这一传统配网规划过程是存在诸多问题的，具体来讲包括以下 4 点。

首先，它具有极高的人为不确定因素，且规划过程中数据一致性较差。例如在实际规划中传统配电网网架包括其运行状态数据可能无法通过量测单元来有效获取。而且由于是人为设计及预测，所以设计单位规划思路和预测方法可能也有所出入，导致网架规划数据在一致性上无法保证。

其次，传统配电网在网架电力电量平衡规划方面不会考虑分布式电源，而智能电网则倾向于分布式电源的加入。因为传统配电网主要是基于大型电厂或热电联产规划电源点来规划网架，因此不会考虑分布式电源为供电企业所带来的接入影响。

第三，在网架规划过程中，其过程可能会受制于电网短路容量限制影响，因此传统配电网必须采用开环运行方法，但从技术角度来讲，环网的可靠性相对不高，这对配电网规划体系构建是极为不利的。

最后，传统配电网网架规划较为简单，这造成了规划设备利用率偏低。而在针对网架规划的不同接线模式时，围绕"N-1"规划线路的负载率也不尽相同，例如单环网的负载率最高不超过 50%。实际上，当前传统配电网在自动化水平表现上相对偏低，所以不可能考虑过于复杂的接线模式，这也造成传统配电网在配电线路规划利用率方面明显偏低。

二、智能配电网规划体系构成分析

传统配电网在规划体系方面主要以配电网规划编制开展为主，局部地区会开展通信专项规划，然后围绕配电网规划体系对地方电网总体实施评估。但在智能配电网开始规划以后，将围绕地区来进行因地制宜的技术实施，例如智能配电网接线模式的专项研究等等，以此来重新整定规划体系基本技术原则。

智能配电网首先要进行科技专项规划，其规划主要内容就是提出符合于本地供配电现实需求的智能配电网建设专项技术规划内容，例如故障电流限制技术、柔性配电技术、高级配电自动化技术等等。一般来说，供电企业的科技专项规划其编制周期都在 5 年以上。

其次是电源规划，要在满足充分调研情况下再基于相关政策进行智能配电网分布式电源规划，例如分布式储能装置的设置、热电联产规划设计等等，这些都是智能配电网电源规划中的重要技术部分，其编制周期也在 5 年以上。

再次是通信、自动化与信息二次专项规划，要在满足科技规划所列需求的基础上来对分布式电源、分布式储能装置进行二次专项规划，编制周期在 5 年以上。

最后是智能配电网规划与电力设施布局规划。智能配电网规划主要是基于传统配电网融入智能电网技术，对配电网重新进行一次网架规划（编制周期 5 年），而期间根据实际情况进行滚动修订。电力设施布局规划则根据智能配电网的规划成果进行二次专项规划，其中涉及市政资源及城乡供电设施的落地规划内容，编制周期为 5 年以上。

总体而言，在实施智能配电网规划体系建设以后，应该做到电网规划与当地经济特点相关联，一方面要充分利用城乡供电企业存量电网资产，一方面也要基于柔性约束规则来灵活调配智能配电网规划方法。主要就是要重视基于可靠性的配电网规划过程，并适当设立智能网规划数据平台，全面实现配电网规划的信息化建设。

三、智能配电网规划体系相关技术改造方案分析

馈线自动化(FA)技术改造方案。馈线自动化(FA)技术改造方案要基于智能配电网终端来实施故障报警检测，并随时结合开闭站、变电站中的继电保护信号、开关等等位置进行故障信息处理。为此，技术改造方案中设置了故障处理程序，由此来确定故障类型及具体发生位置。具体通过语音、声光等多种方式进行预警报警，并在智能配电网网络图谱图上标示出故障区段，辅助技术调度人员进行供电恢复预案操作和倒闸操作，进而进一步提高故障隔离的供电恢复速度。

在故障定位方面，其技术改造方案主要基于智能配电网主站终端所传送的故障信息来展开。它能够实现故障区段自动快速定位，并基于调度员工作站显示器来实现信息点接线图自动调出，以最醒目的方式来显示故障发生点及其相关信息。在此基础上，进行智能配电网各类故障区域隔离，并对故障划分优先等级。如果智能配电网线路上存在多点故障，则选择优先处理重要配电线路上所存在的故障问题。

对于非故障区域而言，可选择自动设定非故障区域供电恢复方案，如此技术改造能够避免某些故障线路影响非故障区段，主要是避免供电恢复过程中非故障区段线路出现过负荷现象。如果智能配电网设备拥有多个备用电源点，则可以根据实际电源点负载能力对所需要恢复区域进行恢复供电的有效拆分。

分布式电源接入技术改造方案。分布式电源接入技术改造方案主要是利用到了微网理念，对可再生能源系统进行顺利接入，并实现分布式储能能源的最大化利用结果。具体来讲，对它的技术改造方案主要是基于并网运行方式展开的，当智能配电网组合孤岛功率缺额较大时，它可以转化为仅含有一个分布式电源的独立孤岛式微网。一般来说，由分布式电源接入技术改造所形成的微网系统在故障隔离后会采用同期方式重新并网，所采用的运行方式也是孤岛运行方式，这种运行方式能有效提高智能配电网的网络可靠性，对分布式电源高渗透率配网而言是最佳技术改造途径。

本文简要概述了基于智能申网的传统配电网技术改造规划体系构建过程。从文中论述也可以见得技术改造对传统配电网规划提出了更高要求，电力企业应该结合自身现有电网发展实际需求，有针对性地提出电网规划工作，确保智能电网优势在配电网规划体系中的充分发挥。

第六节　"互联网+"的智能配电网运维技术

互联网推动了社会各行各业的调整与变革，电力行业也是如此。互联网技术在配单网中的应用，大大提升了配电网的智能化、信息化程度，提高了电力资源利用效率。但互联网技

术的应用也使得传统运维模式与技术难以满足智能配电网运维需求，必须加快研发与推广运用更为先进的运维技术，以保证智能配电网的安全稳定运行。本文联系实际，围绕基于"互联网+"的智能配电网运维技术展开探析，希望能为相关工作的开展带来些许启示。

在电力系统中，配电网是不可缺少的组成部分，承担着电力分配与传输的重要责任。因而配电网建设水平与运行质量直接影响用户用电的安全性，影响社会经济发展水平。为进一步完善国内配网建设，提出将互联网技术与配网业务有机融合，创建基于"互联网+"的智能电网系统。但"互联网+"的智能配电网对运维技术、运维人员等要求较高，传统运维技术难以达到其要求，因而需探索新的运维技术。下面立足"互联网+"下的智能配电网特征，就相关运维技术做详细分析。

一、基于"互联网+"智能配电网的特征与价值

近年来，社会各行业各领域对电力的需求量猛增，为满足社会巨大的用电需求，国家不断加大电网建设投入，虽取得了显著成效，但也仍存在一些历史性问题未得到解决如配电网未实现全覆盖、建设不均衡等，配电网运维难度大、成本高等。而相关研究表明，配电网的运行质量与运维效率存在很大联系，运维效率又与运维频率或两次运维之间的时间间隔有直接联系。因此，要先提高配电网运维效率，确保配电网正常稳定运行，就必须缩短配电网运维时间。但当前国内在配电网运维方面存在的问题是：配电网系统结构复杂且庞大，配电站内电气设备数量多，规格型号多样复杂，但站内专业运维人员相对缺乏，运维人员、检修人员需要完成大量工作，除却基本的检查维护外还需完成数据分析、计算等工作，工作人员承担着较大的工作压力。此外，配电线路检修工作具有时间紧张、检修量大等特点，且难以在同一时段开展多项设备检修工作，这更给运维与检修人员提出了高要求，在工作人员数量不足的情况下，各项检修任务难以按时完成，检修工作在一定程度上存在滞后性。且相关运维技术较为落后，难以满足基于"互联网+"的智能配电网运维需求。为有效满足配电网运维需求，必须充分运用现代化技术构建更为高效、便捷的运维系统与工作平台，从而为电能分配传输、电网运维等工作的开展创造有利条件。

基于"互联网+"的智能配电网主要是以互联网为平台，并通过计算机技术、信息技术、现代通信技术将互联网与各生产行业有机联结，从而更好地促进行业转型与现代化发展。与传统技术模式下的配电网相比，基于"互联网+"的智能配电网大大提高了业务能力。在通信技术、大数据技术的支持下，智能配电网的电能调配速度更快、更为精准，十分有利于实现电能供需的最优化配置，达到一定范围内电能的工序平衡，并减少分配传输过程中的电能损耗，降低了电力调度成本，让绿色配电目标得以实现。

二、基于"互联网+"的智能配电网运维技术

基于"互联网+"的智能配电网运维平台。受技术等条件制约，我国智能配电网建设发展速度缓慢，且在运行过程中也易出现各类故障，给用户正常用电带来影响。为进一步提高智能配电网的运行质量、提高配电效率，可以"互联网+"为基础，构建起新型运维平台，通过

互联网技术、计算机技术以及大数据技术进一步提高智能配电网的风险防范能力，降低配电网故障发生概率。在这一平台中，配电网在运行过程中自动、准确检测出配网中的各类异常状况，并及时做出反馈与解决，这对于电网、电力企业以及用电用户而言均有重要意义。具体而言，以"互联网＋"为基础构建的智能配电网运维平台主要包括以下功能模块。

信息采集中心：主要装置为信息采集设备。将信息采集设备与互联网有机联结，动态采集配电网运行过程中产生的各类信息，并由技术人员对数据信息进行整理、归档与保存。配电网运维专家中心：网络覆盖全球，基于"互联网＋"的智能配电网运维专家中心也是在全球范围内广泛联结全球范围内的智能配电网运维专家，并为各运维专家提供在线聊天、视频会议等服务，从而为智能配电网运维工作的开展提供更有利的保障。配电网运维诊断中心：配电网运维诊断中心涵盖了故障定位技术、统计诊断技术、人工神经网络诊断算、模糊算法等多项县级技术，使得对配电网各类故障的分析与诊断更加高效且准确。典型案例分析中心：典型案例分析中心中收集了往年发生过的各类典型案例，并采集了设备故障时的数据以及故障检测数据，从而让配网故障分析工作能更加顺利、有效的开展。服务交互平台：服务交互平台是以微信以及其他相关的网络互动平台为用电用户、电力企业、维修专家等各相关主体提供交流活动的平台。如电力企业或是维修专家可通过微信等平台向大众普及相关用电常识，一些简单的故障维护技巧等，而大众也能通过网络平台与其展开双向互动交流，这为配网维修工作的开展提供了便利。

智能配电网信息采集技术。受技术、环境等条件限制，我国部分地区的配网建设水平并不高，一些地形地貌相对崎岖、自然气候比较恶劣的地区的信息交流路径不畅通，配网发生运行故障后，工作人员无法在第一时间掌握故障信息并及时做好有效判断与解决，导致故障影响扩大。针对这一问题，建议通过互联网来进行故障信息采集、配网故障诊断等工作。具体建设步骤为：于互联网中接入配网设备，之后通过发电设备、储能设备、用电设备部署各类数据采集控制单元，如环境传感器、能效监测终端、视频监控单元、控制器单元等。当配网中各类设备开展发电、配电、传输电能等各项作业时，各监控终端将实时采集各类数据，为后续诊断、运维等各项工作的开展提供便利。

综合以上分析可知，与传统运维模式不同的是，"互联网＋"下，配网信息采集工作主要是在一个以互联网为基础的区域用电管理系统的控制下完成，因此也就减少了外在因素对数据采集过程与结果的影响，确保了数据信息的完整性与准确性。在以"互联网＋"为基础的智能配电网运维中，需要用到的数据有设备出厂数据、配电网实时运行数据这两大类数据信息。通过分析设备出厂数据，可了解设备以及配网的正常运行状态，掌握设备基本性能，之后再与设备以及配网系统运行中产生的各类数据做对比，便能及时发现设备异常状况，确保运维工作能及时开展。

智能电网数据共享技术。在基于"互联网＋"的智能配电网运维平台中，数据共享技术发挥着重要作用。通过数据共享技术、配网管理部门、运维专家、技术研究人员、一线运维人员都可掌握与配网运行状态相关的各项信息，从而为运维工作的开展创造良好条件。

如智能电网中的数据共享技术能让一线运维人员更为高效、便捷地开展设备检查与运维工作。基于"互联网+"的电流互感器可将电力一次值转化为电流值、二次电压，之后经终端滤波放大电路对电流值、二次电压进行处理，且在 AD 转换芯片的帮助下，模拟信号成为数字信号，更便于运维人员了解设备云心状况。同时基于"互联网+"的智能配电网有并口通信的设计，通过并口通信，处理器将及时获取数字信号，并定时进行高频傅里叶计算，计算得出实际电流值与电压值，从而掌握故障类型。之后，借助 IO 口通信、串行将电力参数、故障类型等信息发送到无线传输模块，借助无线网络，后台以及运维人员便可以接收到数据。

为进一步提升配电系统运行质量，运维人员应在日常监测维修中时刻注意对比分析将现行数据与设备原始数据，动态掌握设备参数变化情况，并适当调整运维方案，从而提升运维工作的科学性、有效性。

同时，数据共享技术也能为运维人员、用电用户以及电力企业、运维专家之间的沟通互动提供方便。如用户通过网络平台反映并上传设备故障信息，将此信息通过网络与电力企业以及运维专家、技术人员共享，由运维专家、技术人员与一线操作人员共同分析讨论，准确诊断出故障类型并提出解决方案，最后协助用户及时消除设备故障，恢复正常用电。而高技术研究者也能通过收集、对比、分析智能电网的厂家原始数据与实时运行数据来掌握配网运行状态，了解配网运行与运维中的问题，让后期技术研发工作更有针对性。同时，高技术研究者也能在掌握配网运行故障后及时通过互联网指导、协助一线运维人员开展运维工作，并将整个运维过程以及相关技术要点整理成文档上传网络，供技术人员学习交流。

此外，基于"互联网+"的智能配电网运维工作中，微博、微信公众号等都能成为有效的信息数据共享平台。如电力企业、配电网管理部门可通过微信公众号定期向用电用户推送安全用电知识，家电维修小技能等，在提升用户安全用电技能的同时为用户的日常生活创造便利。同时电力用户也能随时通过网络向电力企业以及相关维修管理部门告知智能配电网的实际运维情况，为相关的管理与维修工作提供方便。

智能配电网故障鉴定技术。一般情况下，智能配电网的工作频率为 502 赫兹，一个正弦波为 20 毫秒。并在傅里叶算法下，采集一个正弦波形需要价分 80 个点，则一个离散点便为 250 微秒。在智能配电网中设置定时器，设定 250 微秒定时中断。当系统运行且定时器被启动后，数值达到 250 微秒后，系统信息采集程序将自动启动。智能配电网中的信息采集程序通过并口实现与 AD 转换芯片的通信，并及时采集离散数据，同时通过傅里叶算法计算出参数有效值与最大值，将定值与计算所得数值进行对比，并根据对比结果做出不同反应。如经对比得出数据值处于正常值范围，发送程序被自动开启，当前数据将被进行无线传输；反之，则启动故障断定程序，对系统故障进行分析判断后通过无线发送故障类型。若系统运行过程中出现相关故障，需对智能配电网故障的严重程度、配网持续运行的可能性做分析评估，生成评估报告，为后续工作提供指导。通常情况下，系统评估报告需包含以下内容：（1）系统有无维修的必要性；（2）设备维修的经济成本与不同维修方案下的实际维修成果；

（3）系统维修过程中是否会出现其他问题，具体问题类型是什么。

综上所述，"互联网+"给智能配电网的运行与维护带来了很大便利。基于"互联网+"的配网信息采集技术、数据共享技术、故障鉴定技术让整个维修工作更加简单便利，同时也让配电网运行的安全性、稳定性有了保障。为此，在社会用电量持续增加的现代化背景下，应进一步促进互联网与配电网运维业务的融合，持续加大对各类先进运维技术的研究与应用力度，从而提升配电网运维水平与效率，提高社会用电质量。

第七节 配电网调度控制系统综合智能告警

近年来，随着我国电力系统的现代化建设和新能源的快速发展，目前的电网运行特性相比以前有了很大的改变，现有的调度自动化系统信号繁杂，告警功能已经无法满足调度员高效监盘的需求，因此需进行相应的改善，以提高其对调度实时监控中的各项业务告警信息综合处理的能力，以及调度对电力系统运行状态的整体感知能力，进而确保一旦电网出现故障能够被及时、高效的解决。配电网综合智能告警分析是以计算机技术作为依托，建立在网络基础上，加强告警软件开发。本文主要针对配电网调度控制系统综合智能告警整体构架及告警技术进行分析，并对软件开发研究进行详细探讨。

在目前这个大数据的时代，电网的发展也不断地趋于智能化，其相比于传统的电力系统，配电网规模日益庞大，网架更加复杂，其运行程序也更加多样化。尤其是近年来，随着调度自动化技术和通信技术的不断升级改造，更多电网设备和控制功能已接入配电网调度控制系统，配网馈线自动化等遥信、遥测数据也在大量增加，造成告警信号多而繁杂。尤其是恶劣天气下，故障剧增会导致短时间内大量告警信息汇总到调度监控平台，仅靠调度员进行人工被动数据分析效率极低，致使配网线路运行状况缺乏有效的监控和故障定位，已无法满足电网快速发展的需求。因此要充分考虑综合智能告警软件开发及逐步完善的问题，在实际运行中，需结合电网拓扑和网架，加强智能化分析，实现对各种告警信息的全方位监测和实时跟踪，及时完成电网综合智能分析和汇总，提出综合智能分析的辅助决策，从而帮助调度人员高效、快速地掌握系统运行信息。

一、综合智能告警整体构架

综合智能告警技术主要依赖于告警数据库提供的智能告警分析功能，把调度控制系统中的各类告警信息作为要素，针对告警信息及时进行运行状态估计，灵敏度分析，风险评估，负荷转移等多种辅助决策，进而采取面向任务的驱动模式，最后建立调度日常监控告警处置的整体框架，以此方式协助调度监控人员及时对各种告警信息进行科学分析和处理。

在纵向上，基于能量管理系统、WAMS和保信系统，通过在线电网模型重建技术，自动抽取主网量测数据、静态模型、告警信息、图形文件等信息，与配网开关信息、量测信息等进行匹配、汇集、整合，在配网内部在线重建网络模型，通过实时状态监测，对电网实时运行数据或预想状态进行评估，并根据评估结果给出相应的警告和决策，进而达到对电网运行状态在线感知的目的；在横向上，根据当前电网的运行状态和变化趋势，通过可视化的窗口，实时地为调度员提供电网运行状态和发展趋势信息、预警信息、告警信号和建议措施等，建立面向调度运行模式的综合告警。

二、综合智能告警系统信息的分类

综合智能告警系统是建立在综合信息基础之上，对配网多种智能遥测告警，包括开关跳闸、故障指示器动作、设备电流越限、断面及设备功率越限、监测点电压越限等进行分析和整合，从中提取出告警信息的关键信息，并根据事先设定的告警规则库，将同一事件或间隔告警信息合并成一条智能信息统一显示，进而在调度运行角度来构建分层式的信息告警以及可视化展示技术，开发这个系统的主要目的是提高调度对告警信息的分析能力和智能化处理水平。

综合智能告警系统在对电网系统的各类信息进行相关处理时，将系统根据告警功能来进行划分，主要包括了在线综合故障诊断，故障处理辅助决策，综合告警，可视化技术这四个方面。首先需要对大量的数据信息进行一定的分类，把无用的信息进行忽略，进而达到减少无用信息对处理数据速度的影响的目的，减少电网系统的故障分析时间，提高对故障进行准确的定位的工作效率，相应的工作人员在电网故障进行判断时也会更加准确、高效。其中，在线故障诊断以及处理决策都能实现对故障全过程的实时跟踪和分析，以此来提高故障处理能力，促进电网系统的可靠运行。综合告警分析技术是以调度运行角度出发，通过运用这种技术来对电网运行过程中产生的各类告警信息进行统一的汇集，整合与分析。

三、关键技术分析

多源数据协同处理智能故障诊断。多源在线综合智能故障诊断的协同处理主要体现在：时间，空间，对象上，如导入不同格式的一次设备 CIM 模型和 SVG 图形，进行一次、二次设备建模关联和图形关联，支持电网拓扑、实时数据、告警信号、继电保护信息、在线电网分析技术、电网地理信息图等信息，从而有效解决了以往故障诊断的全面性和实时性无法兼顾的问题，及时对数据进行预处理，并通过提取数据，分析数据等过程，最后构建分层式故障诊断架构，将故障诊断的开放性和灵活性得到了最佳体现，实现基于地理图层的配网运行监控、故障定位、停电范围分析、越限矫正控制辅助决策分析等功能。这样一来不仅保证了故障诊断的实时性，还成功实现了故障快速诊断和详细分析的兼顾，再通过多源信息挖掘，大大提升了综合智能故障诊断的科学性和准确性。

故障在线诊断与软件应用联动的智能化。一旦电网发生故障，在线故障诊断功能模块立即进行在线故障识别，判断电网故障之后通过系统控制软件来计算电网运行状态，进行故障静态安全分析，从而顺利得出短路电流，灵敏度等电网运行状态的告警信息，并根据告警信号的分类与等级的不同，分等级评估配电网风险并自动生成故障恢复决策建议，提醒调度人员提高对故障问题的重视，避免故障发生。

四、综合智能告警软件开发

综合智能告警数据库主要是由这三部分组成：商用库，层次库，关系库。用户通过数据库界面来了解综合智能分析数据库构建情况，明确设备参数，模型关系，将数据库中参数和设备模型通过下载程序及时安装在综合智能分析与告警服务器的关系数据库中，在此环节必须保证关系库和商用库中模型参数是一致的。

关系库的主要作用是用来显示数据存放以及图形界面，为了提高关系库安全性主要从综合智能分析与告警信息运行的实时性和系统逻辑结构主要特征进行充分考虑，此项操作是建立在层次数据库基础上。层次数据库中的数据结构是按照电力系统层次型结构来组织的，并依靠各个数据之间的联系，同时利用层次指针来完成的。层次数据库和关系数据库都是建立在综合智能分析与告警服务器的基础上，通过利用数据库之间的层次关系来实现各种数据之间的相应对应，因此用户可以对网络模型做出及时修改和增删，并能够确保服务器和模型操作的同步进行。

综合智能告警作为配电网调度控制系统的核心功能，也是作为解决配网调度"盲调"问题的重要工具，已成为调度日常监控和故障处理的一把利剑。智能化是一个不断渐进，循环创新的过程，故障信号的有效性和及时性往往是决定故障处置效率的关键因素，在电网系统的管理中，运用综合智能告警系统，通过计算机识别代替人工分析，不仅可以加快系统对相关设备的分析，减少调度人员对告警信号人工分析的工作量，还能够极大提高对故障分析定位的准确性和时效性，有效地协助运维人员掌握电网线路运行状况，进而提高电网系统供电的稳定性和安全性，实现调度控制的技术革新。

参考文献

[1] 汪觉恒，蔡培.电网应用微机保护几个问题的分析探讨 [J].湖南电力，2006（02）：20-28.

[2] 卜宪宪.关于网络通信技术的发展的探讨 [J].科技传播，2012（04）：185-187.

[3] 高发元.配电网智能调度模式的探讨 [J].2013（24）：88-90.

[4] 常康，薛峰，杨卫东.中国智能电网基本特征及其技术进展评述 [J].电力系统自动化，2009.

[5] 徐贻鑫.智能电网的技术组成和实现顺序 [J].南方电网技术，2009.

[6] 林宇峰，钟金，吴复立.智能电网技术体系探讨 [J].电网技术，2009.

[7] 郭志忠.电网自愈控制方案 [J].电力系统自动化，2005.

[8] 郭龙，刘旸，鲍海泉.基于智能配电网关键技术的城市配电网规划 [J].内燃机与配件，2018(4)：223-225.

[9] 白峪豪.基于智能配电网关键技术的城市配电网规划 [J].电网与清洁能源，2015，31(3)：79-83.

[10] 刘丰艺，崔征，王志刚.城市智能配电网规划建设模式研究 [J].科技信息，2014(4)：38，43.

[11] 赵腾，张焰，张东霞.智能配电网大数据应用技术与前景分析 [J].电网技术，2014，38(12)：3305-3312.

[12] 赵柏涛.基于智能配电网关键技术的城市配电网规划 [J].现代工业经济和信息化，2016，6(14)：53-54.

[13] 李正红，徐光福，余群兵等.高密度光伏接入配电网的控制保护系统设计 [J].电子设计工程，2019，27（10）：10-14.

[14] 易永辉，任志航，马红伟等.分布式电源高渗透率的微电网快速稳定控制技术研究 [J].电力系统保护与控制，2016，44（20）：31-36.

[15] 彭俊杰.基于全景信息的环网柜智能控制系统 [J].华东电力，2014，42（11）：2476-2479.

[16] 张沛超，范忻蓉，李鑫等.智能配电网的自适应级联方向闭锁保护方案 [J].电力系统自动化，2016，40（1）：81-88.

[17] 马秀达，康小宁，李少华等.多端柔性直流配电网的分层控制策略设计 [J].西安交通大学学报，2016，50（8）：117-122.

[18] 王廷凰, 黄福全, 时伯年等.城市配电网广域控制保护技术应用研究 [J].南方电网技术，2014，8（4）：112-115.

[19] 邱灿.智能配电网技术应用及发展探析 [J].机电信息，2014(27)：34-35.

[20] 刘壮志.含微电网的智能配电网规划理论及其应用研究 [D].华北电力大学，2013.